Monika Matschnig
Körpersprache. Macht. Erfolg.

W0057782

MONIKA MATSCHNIG

Körpersprache.
Macht. Erfolg.

WIE SIE ANDERE
IM BERUF ÜBERZEUGEN
UND BEGEISTERN

Externe Links wurden bis zum Zeitpunkt der Drucklegung des Buches geprüft.
Auf etwaige Änderungen zu einem späteren Zeitpunkt hat der Verlag keinen Einfluss.
Eine Haftung des Verlags ist daher ausgeschlossen.

Bibliografische Information der Deutschen Nationalbibliothek

Die Deutsche Nationalbibliothek verzeichnet diese Publikation in
der Deutschen Nationalbibliografie; detaillierte bibliografische Daten
sind im Internet über http://dnb.d-nb.de abrufbar.

ISBN 978-3-86936-906-8

Lektorat: Sabine Rock | www.druckreif-rock.de.de
Umschlaggestaltung: Martin Zech Design, Bremen | www.martinzech.de
Titelillustration: ozzichka / shutterstock
Fotos: Fotografie Katrin Bernhard, Neufahrn
Satz und Layout: Das Herstellungsbüro, Hamburg | www.buch-herstellungsbuero.de
Druck und Bindung: Salzland Druck, Staßfurt

© 2019 GABAL Verlag GmbH, Offenbach

Alle Rechte vorbehalten. Vervielfältigung, auch auszugsweise,
nur mit schriftlicher Genehmigung des Verlags.

Printed in Germany

www.gabal-verlag.de
www.facebook.com/Gabalbuecher
www.twitter.com/gabalbuecher

Inhalt

Vorwort

»Die Wirkungskompetenz hat die Sachkompetenz überholt.« Wenn ich diesen Standardsatz in meinen Vorträgen bringe, sehen mich meine Zuhörer häufig mit großen Augen an und es lässt sich eine gewisse Skepsis in ihren Gesichtern lesen. Am liebsten würden sie fragen: »Hat denn Inhalt überhaupt keine Relevanz mehr?« Meine klare Antwort darauf: »Nein!« Natürlich ist das, was ich kommuniziere oder präsentiere etc., wichtig – in manchen Situationen sogar wichtiger denn je. Doch das Wie spielt dabei inzwischen eine sehr große Rolle. Wenn wir es nicht schaffen, gut zu wirken, unseren Körper überzeugend einzusetzen und auf die Signale des Gegenübers passend zu reagieren, bringt uns auch der beste Inhalt nichts. Warum? Weil wir, wenn wir nicht gut wirken, weder gesehen noch gehört, noch verstanden werden. Anders gesagt: Körpersprache ist nun mal wichtiger als das gesprochene Wort, denn sie verbindet Menschen auch über Sprachbarrieren hinweg und entscheidet darüber, ob man jemandem vertraut oder nicht.

Ich beschäftige mich seit über 20 Jahren mit den Themen Körpersprache, Wirkung und Performance und möchte in diesem Buch meine Erkenntnisse und Erfahrungen mit Ihnen teilen und Ihnen zeigen, wie auch Sie es schaffen, in den unterschiedlichsten Situationen souveräner zu wirken, und wie Sie lernen, die Körpersprache anderer zu verstehen.

Die Hilfestellungen in diesem Buch können Ihnen in allen Bereichen des modernen Berufslebens gute Dienste leisten – ob es nun um die Herausforderungen eines Vorstellungsgesprächs oder um Chancen und Risiken in der verbalen und nonverbalen Kommunikation unter Kollegen geht. Sie erfahren, wie Sie sich selbst und Ihre Inhalte bei Vorträgen oder Präsentationen ins perfekte Licht rücken und wie Sie das für Sie optimale körpersprachliche Vokabular in Verhandlungen und Verkaufsgesprächen entwickeln. Wir schauen uns an, was es mit der Körpersprache erfolgreicher Führungskräfte auf sich hat und wie Sie auch auf internationalem Businessparkett eine gute Figur machen.

Etwas zu kennen heißt aber nicht, dass man es auch sofort kann. Deshalb finden Sie in diesem Buch Übungen, Praxisbeispiele, Tipps und Tricks, die Sie ausprobieren und üben sollten. Seine Wirkung zu optimieren ist eine harte, aber sehr schöne Arbeit, da Sie mit ein wenig Konsequenz schnell die Früchte Ihrer positiven Wirkung ernten werden. Freuen Sie sich auf die Veränderung. Tauchen Sie aufgeschlossen in die faszinierende Welt der Körpersprache ein.

Ich wünsche Ihnen viel Spaß beim Lesen und viel Erfolg beim Umsetzen der Tipps in Ihrer beruflichen Praxis.

Ihre Monika Matschnig

1. Einleitung: Die Macht der Körpersprache

Im Geschäftsleben geht es im Grunde schon immer nur um das eine: ums Verkaufen. Seien es nun Dienstleistungen, Produkte oder Ideen – stets soll jemand davon überzeugt werden, dass er das materielle oder immaterielle Gut, das wir anbieten, unbedingt haben muss. Aber wie lässt sich dieses Begehren am besten wecken? Dafür gibt es bislang vor allem zwei Ansätze: Man spricht den potenziellen Kunden entweder auf der emotionalen oder auf der sachlichen Ebene an und entwickelt entsprechende Argumente.

Inzwischen ist noch ein weiterer, erfolgversprechender Ansatz hinzugekommen. Längst geht es nicht mehr nur darum, eine Ware an die Frau oder den Mann zu bringen. Die große Herausforderung besteht vielmehr darin, sich selbst, die eigene Persönlichkeit, gut zu verkaufen und über diesen Weg das eigentliche Geschäft abzuschließen.

Doch was bedeutet das – »sich selbst gut verkaufen«? Und wie gelingt uns das optimal? Natürlich sind Fachkompetenz und Know-how wichtige Voraussetzungen für beruflichen Erfolg. Wer sein Handwerk nicht beherrscht, wird kaum überzeugen. Doch in Zeiten eines kontinuierlich steigenden Wettbewerbsdrucks zählt weniger, *was* verkauft werden soll, es geht vielmehr darum, *wie* es angeboten wird. Oder, um auf unser Thema zu kommen: Es geht darum, wie der Verkäufer eines Produkts oder einer Idee seine Sache und sich selbst präsentiert. Im Idealfall wird er bereits mit dem ersten Eindruck und der eigenen Wirkung überzeugen.

Jeder Körper spricht anders

So instinktiv unsere Körpersprache funktioniert, so einzigartig ist sie auch. Zwar verfügen alle Menschen über den gleichen »Wortschatz« an Signalen, Gesten und Mimik, dennoch spricht jeder Körper seine eigene Sprache. Das liegt vor allem daran, dass er mehr oder weniger intensiv als Sprachrohr eingesetzt wird – je nachdem, wie extrovertiert beziehungsweise introvertiert eine Person ist oder welchem Kulturkreis sie angehört.

Natürlich können Sie Ihre Körpersprache optimieren. Sie können zum Beispiel versuchen, Ihre sehr zurückhaltende und schüchterne Art etwas lebendiger zu gestalten oder sich ein wenig zurückzunehmen, wenn Sie normalerweise sehr expressiv mit Ihrem Körper »sprechen«. Eines sollten Sie jedoch immer beachten: Wenn Sie eine »fremde« Körpersprache adaptieren oder kopieren, ändert das nichts an Ihrer Wirkung und schon gar nichts an Ihrer Persönlichkeit. Es hat nur eines zur Folge: Sie werden vermutlich nicht authentisch wirken, und das ist alles andere als vertrauenswürdig. Im Grunde geht es darum, die neuen Verhaltensweisen zu internalisieren, und das bedeutet: üben, üben und nochmals üben. Nur so erreichen Sie, dass Sie als kongruent wahrgenommen werden – dass Ihre Person und Ihre Körpersprache stimmig wirken und zueinander passen. Nur dann werden Sie Ihre Ziele erreichen und auf der Karriereleiter ganz nach oben kommen.

Körpersprache beeinflusst die Gefühle

Man muss sich das so vorstellen: Unsere Gedanken und unsere Körperhaltung bilden eine untrennbaren Einheit. Unsere Empfindungen spiegeln sich automatisch in der Sprache unseres Körpers wider, und andersherum beeinflusst jedes nonverbale Signal unsere Gedanken und Gefühle.

Wissenschaftliche Untersuchungen haben ergeben, dass beispielsweise eine gekrümmte Körperhaltung Depressionen und Mutlosigkeit fördert. Ein Kopfnicken erzeugt in unserem Kulturkreis zustimmende, ein Kopfschütteln hingegen ablehnende Gedanken. Ein Gefühl oder ein Gedanke kann also einen körpersprachlichen Ausdruck hervorrufen. Und umgekehrt kann eine bestimmte Körperhaltung ein Gefühl erzeugen oder einen Gedanken blockieren. Sie können sich natürlich kontrollieren und so tun als ob. Aber kann das funktionieren?

Machen Sie den Test

- Stellen Sie sich vor, Sie hätten gerade eine traurige Nachricht erhalten. Sie sitzen da, niedergeschlagen, völlig kraftlos, mit hängenden Schultern, gesenktem Kopf und nach unten gezogenen Mundwinkeln. Automatisch werden Sie die Last in Ihrem Nacken spüren. Versuchen Sie, in dieser Haltung einen positiven Gedanken zu fassen. Es wird kaum funktionieren.
- Und jetzt umgekehrt: Richten Sie sich auf, Brust raus, Kopf nach oben, Blick nach vorne, ein Lächeln auf den Lippen. Atmen Sie tief ein und versuchen Sie jetzt, an etwas Negatives zu denken. Es wird Ihnen nicht gelingen.
- Ziehen Sie Ihre Augenbrauen so hoch wie möglich, sodass Ihre Augen weit geöffnet sind. Versuchen Sie nun, wütend zu sein und auch so zu wirken. Wahrscheinlich müssen Sie bei diesem vergeblichen Unterfangen über sich selbst lachen. Wenn Sie hingegen die Augenbrauen eng zusammenziehen und Ihre Augen ganz klein werden, wird Ihnen die Empfindung »Ärger« oder »Wut« viel leichter gelingen.
- Beißen Sie nun die Zähne fest zusammen und denken Sie gleichzeitig positiv. Kaum möglich, oder?

Wie dieser Mechanismus funktioniert? Ganz einfach: Unser Körper verbindet mit bestimmten Körpersignalen bestimmte Gefühle. Bei einer entsprechenden Muskelbewegung wird daher unser hormonelles System aktiviert, das dafür sorgt, dass sich ein Körperausdruck tatsächlich auf unsere Stimmung auswirkt. Angenommen, unsere Mundwinkel zeigen nach oben, weil wir gerade lachen. Dann denkt unser Gehirn, dass wir fröhlich sind, und schüttet Glückshormone aus.

Gedanken beeinflussen die Körpersprache

Doch wir können nicht nur mithilfe unserer Körpersprache unsere Stimmung beeinflussen. Auch die umgekehrte Wirkungsweise ist möglich – wenn auch schwieriger umzusetzen. Unsere Gedanken haben einen starken Einfluss auf unsere Körpersprache und damit auf unser Erscheinungsbild. Diesen wichtigen Mechanismus sollten wir ebenso beachten und im Berufsleben nutzen. Ein gutes Beispiel dafür sind Spitzensportler, die sich mental auf Sieg programmieren und das Ziel schon vor ihrem geistigen Auge erreichen, bevor sie überhaupt gestartet sind.

Auch im alltäglichen Leben zeigt sich immer wieder: Mit ein wenig Mentalhygiene fühlen wir uns besser, strahlen automatisch mehr Kompetenz aus, können von vornherein mehr Pluspunkte auf unserem Sympathiekonto verbuchen und bewältigen etwaige Nervosität effektiver. Entscheidend dabei ist: So, wie Sie wirken wollen, so müssen Sie sich auch wirklich fühlen. Sie möchten einen sympathischen, authentischen und kompetenten Eindruck auf andere machen? Dann müssen Sie zuallererst selbst von sich überzeugt sein. Alles andere wäre nur gespielt und wirkt auch so. Das bedeutet für Sie: Spielen Sie Ihre Rolle zu 100 Prozent, sonst wirkt es unstimmig. Und damit würden Sie gewiss nicht gewinnen, im Gegenteil. Finden Sie Ihre individuelle Körpersprache, Ihre Haltung, Gestik und Mimik. Sie sollte Teil Ihrer Persönlichkeit sein und macht Sie einzigartig.

Der Körper verrät sich

Wir können sowohl Einfluss auf unsere Gedanken als auch auf unsere Körperhaltung nehmen. Positive Gedanken wirken sich entsprechend positiv auf unsere Körpersprache aus. Diesen glücklichen Effekt sollten Sie sich wann immer möglich zunutze machen. Menschen, die mental mit sich im Reinen sind, erkennen wir beispielsweise an ihrer aufrechten Körperhaltung und einem offenen, der Umwelt zugewandten Blick. Wer hingegen negative Gefühle hat oder sich grämt, wird seine Schultern nach vorne fallen lassen und seinen Blick nach unten richten. Tragen Sie also so oft wie möglich eine imaginäre Krone auf dem Kopf!

Mit der passenden Körpersprache überzeugen

Visuelle Einflüsse spielen bei unseren Entscheidungen eine immer größere Rolle. Ein Beispiel dafür ist die Politik. Lange Zeit war der ausschlaggebende Qualitätsmaßstab für Volksvertreter ihr inhaltliches Programm. Nach und nach wurde dieses Kriterium erweitert: zuerst um das Kommunikationstalent der Politiker und schließlich um ihre Fähigkeit, sich selbst darzustellen. Öffentliche Fernsehduelle von Spitzenkandidaten gehören mittlerweile zum Standardprogramm eines Wahlkampfes und tragen entscheidend zum Ausgang politischer Wettbewerbe bei.

Eine ähnliche Entwicklung lässt sich auch in der freien Wirtschaft beobachten. Haben Konzernchefs und Unternehmer früher eher anonym agiert, ist mittlerweile der Typ »Vorzeigeunternehmer« gefragt, der mehr und mehr ins Licht der Öffentlichkeit tritt. Die Anforderung ist stets dieselbe: Um die gewünschte Wirkung zu erzielen, muss der Auftritt beeindrucken.

Der Kern des Erfolges

Trotz Globalisierung, dezentralem Arbeiten und virtueller Vernetzung wird die Wirkung eines Menschen noch immer von einem ganz simplen Aspekt bestimmt: Sind wir unserem Gegenüber sympathisch oder nicht? Das Unterbewusstsein entscheidet instinktiv über diese Frage. Es kommt auf unseren »Auftritt« an und dieser wird zu über 80 Prozent durch unsere Körpersprache definiert. Doch was genau bedeutet »Körpersprache«? Genau: Sprechen ohne Worte, nonverbale Kommunikation. Das tun wir durch alle bewussten und unbewussten Bewegungen – also durch Körperhaltung, Gestik, Mimik und Stimme.

Generell basiert Kommunikation auf einer Sach- und auf einer Beziehungsebene. Während die Sachebene der Übermittlung konkreter Informationen dient und fast ausschließlich verbal abläuft, wird die Beziehungsebene durch Gefühle und emotionale Verbindungen bestimmt, die vor allem nonverbal zum Ausdruck gebracht werden. Das heißt: Selbst wenn Sie kein Wort sagen, kommunizieren Sie mit Ihrem Gegenüber. Ihre Augen, Hände, Beine und Ihre Körperhaltung senden Signale aus. Sie wirken interessiert oder gelangweilt, entspannt oder gestresst, offen oder verschlossen, freundlich oder aggressiv.

Solche Botschaften senden Sie zu einem großen Teil unbewusst aus, also ohne es zu merken und auch ohne es zu wollen. Doch der Körper lügt nicht. Entweder unterstreicht er Ihre verbalen Aussagen oder er sendet widersprüchliche Signale, die für jeden sichtbar sind. Deshalb überrascht es nicht, dass viele Unternehmen bei Bewerbungsgesprächen ein besonderes Augenmerk auf die Körpersprache der Kandidaten legen. Bewerber, die ihren Lebenslauf und ihre Erfahrungen an manchen Stellen etwas »schönfärben«, verraten ihre Schwachstellen oft durch ihre Gestik, Mimik und Körperhaltung. Je mehr Personaler & Co. den Bewerbern ein gutes Gefühl und damit eine gewisse Sicherheit vermitteln, desto eher werden diese ihr »wahres« Verhalten zeigen können. Viele verräterische Signale entstehen schließlich nur durch einen erhöhten Adrenalinspiegel.

Warum unsere Körpersprache mehr über unsere Persönlichkeit verrät als tausend Worte, ist leicht erklärt. Gedanken und Körpersprache sind eine untrennbare Einheit und beeinflussen sich gegenseitig. So lässt sich nicht nur unsere momentane Gefühlslage an unserem Verhalten ablesen. Auch Erfahrungen, die wir im Laufe unseres Lebens gemacht haben, prägen unsere Haltung, Gestik und Mimik. Der Körper ist quasi ein Spiegelbild unserer Seele und eine persönliche Visitenkarte, die unser Inneres offenbart.

Das bedeutet keineswegs, dass wir unsere Körpersprache pausenlos kontrollieren müssen, um beruflich erfolgreich zu sein. Es kommt nur darauf an, dass sich die verbale und die nonverbale Kommunikation auf derselben Ebene abspielen. Unsere Worte sollen durch unser Verhalten bestätigt werden, indem wir auf beiden Ebenen dieselbe Botschaft vermitteln. Wir würden wohl kaum daran zweifeln, dass jemand verärgert ist, wenn er mit der Faust auf den Tisch haut und dabei energisch vor sich hin schimpft. Von einem Freund, der sich angeblich freut, uns zu sehen, erwarten wir einen fröhlichen Gesichtsausdruck. Und einem kleinen Kind, das bitterlich weint, weil es sein Kuscheltier verloren hat, glauben wir seine Trauer sofort.

Manchmal kann unsere Körpersprache Worte sogar komplett ersetzen. Denken Sie nur an zwei besonders wichtige Signale: Nicken und Kopfschütteln, um Zustimmung oder Ablehnung auszudrücken. Ohne ein zusätzliches Wort weiß jeder Mensch bereits von klein auf sofort, was damit gemeint ist.

Wenn jemand seine Hilfe anbietet, setzt das wirkliche Bereitschaft voraus. Steht er mit verschränkten Armen vor uns, suggeriert er genau das Gegenteil. Oder: Wenn jemand von intensiven Gefühlen spricht, erwarten wir ein entsprechendes Verhalten. Ist er emotional bewegt, dann ist er auch körperlich bewegt. Wenn die Worte eines Menschen eine andere Botschaft vermitteln als seine Körpersprache, macht uns das misstrauisch. Es wirkt inkongruent und lässt nicht gerade die Sympathiewerte steigen.

Auf Kongruenz achten

Vermeiden Sie jegliche Diskrepanz zwischen den Signalen, die Ihr Körper sendet, und Ihren Worten. Ein solcher Widerspruch entsteht dadurch, dass wir etwas sagen, was wir nicht wirklich denken oder fühlen. Wir tun das, weil wir vielleicht eine Erwartungshaltung erfüllen möchten oder weil wir einer unerfreulichen Diskussion aus dem Weg gehen wollen. Um stimmig, also kongruent zu wirken, müssen Sie sich bereits vor einer Situation darüber Gedanken machen, wie Sie wirken möchten und was die Knackpunkte sein könnten. Nur mit einer guten verbalen und nonverbalen Vorbereitung schaffen Sie es, auch in schwierigen Situationen zu punkten und Kongruenz auszustrahlen. Kritisch wird es, wenn Ihr Adrenalinpegel zu hoch ist; dann besteht die Gefahr, dass Sie sich nonverbal nicht mehr kontrollieren können. Warum ist das so? Bei erhöhter Nervosität tendieren wir häufig dazu, in unser ursprüngliches Verhalten zurückzukehren. Doch Übung macht den Meister.

Körpersprache richtig entschlüsseln

Ich möchte Ihnen zunächst eine kleine Geschichte erzählen. Eines der weltweit führenden Business-Travel-Management-Unternehmen hatte es sich zum Ziel gesetzt, bei all seinen Partnern ein einheitliches Softwareprogramm einzuführen, um auf dem globalen Parkett weiterhin erfolgreich agieren zu können. Eine Führungskraft präsentierte allen

Franchise-Partnern das neue Konzept, die geplanten Einführungsprozesse, Konsequenzen und Vorteile. Kein einfaches Thema, da gleichzeitig die Grundsätze der Unternehmensführung geändert werden mussten. Zunächst lief alles gut. Der Mann präsentierte vertrauensvoll und souverän. Die Botschaften kamen an, die Partner zeigten hohes Interesse, und man konnte förmlich spüren, dass ihnen so einige Fragen durch den Kopf gingen.

Doch am Ende der Präsentation machte der Redner einen schwerwiegenden Fehler. Er verschränkte die Arme vor der Brust und sagte: »Große Veränderungen stehen uns bevor. Sicherlich gibt es noch viele Fragen. Bitte fragen Sie mich, ich bin offen dafür.« Plötzlich trat eine unangenehme Stille ein. Die Zurückhaltung und Unsicherheit der Zuhörer war mit Händen zu greifen. Und niemand stellte eine Frage.

Warum war das so? Weil das Publikum irritiert war. Die Körpersprache des Redners stimmte einfach nicht mit dem überein, was er sagte. Die verschränkten Arme waren in dieser Situation das denkbar schlechteste nonverbale Signal, da es grundsätzlich als Zeichen von Desinteresse oder Ablehnung interpretiert wird. Ein Trugschluss, wenn die entsprechende Situation – wie im gerade beschriebenen Beispiel – außer Acht gelassen wird. In den meisten Fällen ist es schlichtweg eine bequeme Haltung. Um körpersprachliche Signale wirklich sinnvoll interpretieren zu können, müssen also viele Faktoren mit einbezogen werden.

Die größten Fehler beim ersten Eindruck

Wir alle tendieren dazu, Menschen aufgrund des ersten Eindrucks zu beurteilen, den wir von ihnen haben. Dieser Urinstinkt trügt uns zwar selten komplett, aber wir liegen damit auch keineswegs immer vollkommen richtig. Die häufigsten Missverständnisse, Fehldeutungen und Irrtümer, die bei der Interpretation körpersprachlicher Signale immer wieder zu Ungereimtheiten führen, lernen Sie im Folgenden kennen.

Das vorschnelle Urteil

Verschränkte Arme bedeuten Desinteresse. Greift sich jemand an die Nase, dann lügt er. Zeigt er mit dem Zeigefinger, dann droht er. Versteckt er die Arme unter dem Tisch, dann ist er unsicher. Diese und weitere körpersprachliche Verhaltensweisen gibt es reichlich, und die jeweilige

»Übersetzung« beziehungsweise Interpretation kann durchaus in vielen Fällen zutreffen – jedoch nicht immer. Möglicherweise gehört eine bestimmte Geste einfach zur individuellen Körpersprache einer Person, zu ihrer sogenannten Baseline, also zu ihrem Normalverhalten.

Die persönliche Baseline

Ein Beispiel ist die klassische Haltung von Angela Merkel, die oft genug von den Medien in die Mangel genommen wird. Die Politikerin zeigt häufig ihr berühmtes »Spitzdach« (auch bekannt als »Merkel-Raute«), bei dem sie die Fingerspitzen vor dem Bauch aneinanderlegt. Diese Geste, die als abwehrendes oder konzentriertes Signal gedeutet werden kann, hat bei ihr eine ganz andere – mehr noch: gar keine Bedeutung. Es ist eine reine Gewohnheit, die zu ihr gehört, ihre persönliche Baseline. Am Anfang ihrer Karriere wusste sie nicht wohin mit den Händen. In dieser Position hat sie das Gefühl, dass sie ihre Hände – die ja so verräterisch sein können – unter Kontrolle hat.

Jeder Mensch ist einzigartig und zeigt daher auch ein persönliches körpersprachliches Muster, das man bei einer ersten Begegnung noch nicht erkennt. Dazu eine Erfahrung, die ich selbst gemacht habe: Ich wurde von einem namhaften Unternehmen eingeladen, ein Angebot für Schulungen der Außendienstmitarbeiter abzugeben. Mit mir kamen noch zwei andere Trainer schließlich in die Endausscheidung und durften ihr Leistungsangebot persönlich vorstellen. Anwesend waren der Unternehmenschef, der Personalleiter und dessen Assistentin. Ich musste als Letzte präsentieren, und es lief nicht besonders gut. Die beiden anderen Anwärter legten eine perfekte PowerPoint-Präsentation hin, ich dagegen kam mit leeren Händen – ein denkbar schlechter Start. Zu allem Überfluss saß der Chef während der gesamten Präsentation zurückgelehnt und mit verschränkten Armen auf seinem Stuhl, sah mich kaum an, nickte nicht, lachte nicht und zeigte auch sonst keinerlei Regung. Als ich fertig war, sagte er nur »Danke«, auch das, ohne mich anzusehen, und ich verließ den Raum.

Ich hatte den Auftrag innerlich schon abgeschrieben, als die Assistentin mich zum Ausgang brachte und meinte: »Mein Chef war begeistert. Ich bin überzeugt, dass Sie den Auftrag bekommen.« Ich war mehr als irritiert. Doch tatsächlich rief der Personalentscheider schon am nächsten Tag an und erteilte mir den Auftrag. Was war der Grund für diese falsche Interpretation? Ich hatte schlicht und einfach nicht die Möglichkeit berücksichtigt, dass die zurückhaltende Körpersprache des Chefs sein gängiges Verhalten war – seine Baseline.

Der direkte Vergleich

Wenn ich unsicher bin, tendiere ich dazu, permanent zu lächeln, ich habe eine hohe Spannung in meinem Körper und agiere allzu bewusst mit meinen Händen. Nehme ich eine solche Geste bei einem anderen Menschen wahr, sollte ich darauf achten, diese nicht genau so zu interpretieren. Einmal traf ich auf einem Kundenevent nach meinem Vortrag auf einen Mann, der mich nicht aus den Augen ließ. Ich spürte, dass er Kontakt aufnehmen wollte. Da ich neugierig bin, sprach ich ihn direkt darauf an. Er lobte den Inhalt und die Kurzweil meines Referats. Bei einer Aussage war ich jedoch geplättet: »Sie sind das Pendant von Anke Engelke. Und ich finde die Frau klasse.«

Kein Wunder, dass ihm meine Performance gefiel, er hatte seine Beurteilung von Anke Engelke direkt auf mich übertragen. Assoziieren wir eine Eigenschaft, das Aussehen, die Stimmlage oder die Haltung einer Person mit etwas oder jemand Positivem, dann fällt in der Regel die Beurteilung positiv aus – allerdings gilt das auch für den umgekehrten Fall. Das wurde in vielen Tests nachgewiesen und wird »Halo-Effekt« genannt.

Ohne Kontext

Um Körpersprache zutreffend zu interpretieren, muss immer auch der Kontext beachtet werden: der Beweggrund, die Beziehung zum Gesprächspartner, die Räumlichkeiten, die Tagesverfassung, vorangegangene Begegnungen und so weiter.

Einige Beispiele dafür: Nehmen wir an, Sie sind Führungskraft und umarmen eine Ihrer Mitarbeiterinnen innig, was von einigen anderen Mitarbeitern beobachtet wird. Bei diesen könnte nun leicht der Eindruck entstehen, dass diese Mitarbeiterin von Ihnen bevorzugt wird. Dabei wollten Sie sie nur trösten, weil ihr Kind im Krankenhaus liegt. Oder: Sie sitzen mit Mitarbeitern in einem Meeting, gähnen plötzlich und strecken Ihre Arme nach vorne. Was wird Ihr Team wohl denken? Richtig: dass Sie die Vorschläge langweilig finden oder Ihnen das Meeting zu langatmig ist. Keiner weiß, dass Sie gerade einen Langstreckenflug hinter sich haben und nur gegen den Jetlag ankämpfen.

Wie sich Pannen vermeiden lassen

Wenn Menschen erfahren, dass ich Körpersprache-Expertin bin, reagieren sie häufig so: Sie erstarren, wissen nicht mehr wohin mit ihren Händen und fühlen sich unwohl. Sie denken vermutlich, dass ich auf jede kleinste Geste achte und sie im Handumdrehen »durchschaue«. Aber auch ein Experte für Körpersprache kann nicht zu 100 Prozent zutreffend analysieren, was in einem Menschen vorgeht. Tatsache ist jedoch, dass wir alle – ob nun Experte oder nicht – die Menschen um uns herum ständig beurteilen. Dies geschieht meist jedoch unbewusst. Es lohnt sich also, die eigene Beobachtungsgabe zu trainieren, um die Treffsicherheit zu erhöhen. Und das geht so:

Berücksichtigen Sie individuelle Gewohnheiten

Wie Sie inzwischen wissen, hat jeder Mensch seine individuelle Körpersprache – seine Baseline. Beobachten Sie deshalb immer zuerst das individuelle körpersprachliche Normalverhalten eines Menschen oder seine kommunikativen Gewohnheiten. Diese offenbaren sich am besten in einer stressfreien Situation. Je häufiger Sie mit einer Person in Kontakt treten, desto einfacher ist es, deren Baseline zu identifizieren. Denken Sie nur an einen Ihnen nahestehenden Menschen. Sie fühlen unbewusst sofort, wenn etwas nicht in Ordnung ist, wenn sein Verhalten von seiner Baseline abweicht, und sei es auch nur minimal.

Beobachten Sie deshalb genau das Verhalten Ihrer Mitarbeiter, Kollegen und Freunde und schaffen Sie jeweils eine Basis, um Verhaltensänderungen leichter wahrzunehmen. Sollten Sie keinen längeren Zeitraum zur Verfügung haben, dann nutzen Sie ein Gespräch über belanglose, nicht emotionale Themen, um das Verhalten Ihres Gegenübers zu beobachten. Prägen Sie sich Mimik, Körperhaltung, Armbewegungen, Stand, Sitzhaltung und allgemeine körpersprachliche Ausdrücke ein, die signifikant für diese Person sind:

- Ist der Gesichtsausdruck locker oder angespannt?
- Ist die Haltung selbstbewusst oder unsicher?
- Sind die Gesten gelassen oder nervös?
- Ist die Laune gut oder schlecht?
- Ist Ihr Gegenüber freundlich oder angriffslustig?

Verändert sich während des Gesprächs die entschlüsselte Baseline, dann sollten Sie aufmerksam sein. Hat Ihr Gegenüber zum Beispiel seine Aussagen immer stark mit den Händen untermalt und zeigt plötzlich keine Gesten mehr, kann das auf eine wachsende Anspannung deuten. Wird ein neutraler Gesichtsausdruck plötzlich zum permanenten, jedoch unecht wirkenden Lächeln, kann das ein Zeichen von Angst sein. Auch wenn das Sprechtempo plötzlich erheblich schneller wird und die Stimmlage sich erhöht, ist das ein mögliches Zeichen von Nervosität. Andererseits kann eine plötzliche Abweichung vom üblichen Verhalten auch ein Hinweis darauf sein, dass die Person an für sie bedeutende Begebenheiten denkt oder bestimmte Gedankengänge durchspielt. Tja, und Gedanken lesen kann niemand.

Unterscheiden Sie universelle und individuelle Signale

Es gibt körpersprachliche »Vokabeln«, die bei allen Menschen ähnlich oder sogar identisch sind. Emotionen sind universell und auch international. Presst jemand beide Lippen zusammen und Teile der Lippen verblassen dabei, ist garantiert Wut oder Zorn im Spiel. Hebt jemand die Schultern an, um seinen empfindlichen Halsbereich zu schützen, ist sein Kopf starr und bewegen sich nur noch die Augen, kann man davon ausgehen, dass dieser Mensch ängstlich ist oder zumindest in diesem Moment Angst hat.

Setzen Sie Signale in den Kontext

Ein einzelnes Signal reicht nicht aus, um den Menschen dahinter einzuschätzen – ebenso wenig, wie sich aus einem einzelnen Wort der Inhalt eines Satzes herauskristallisieren lässt. Signale müssen häufiger oder in Kombination mit anderen auftreten. Nur weil sich jemand einmal kurz mit der Hand vor den Mund fährt, heißt das nicht automatisch, dass er etwas verheimlichen möchte. Interesse zeigt sich beispielsweise darin, dass jemand beide Augenbrauen leicht nach oben zieht, Ihnen konstanten Blickkontakt schenkt, sich Ihnen mit dem ganzen Körper zuwendet und die Mimik dabei entspannt wirkt. Wer ab und zu nickt, den Gesprächspartner eventuell leicht berührt oder eine Berührung andeutet, verstärkt diesen interessierten Eindruck noch.

Beobachten Sie jedoch in einem Meeting, dass der Kunde häufig auf die Uhr oder zur Tür blickt, mehr auf der Stuhlkante als auf dem Stuhl sitzt, den Oberkörper von Ihnen abwendet und mit der Fußspitze schon

Richtung Tür wippt, sind auch diese Signale relativ deutlich. Lassen Sie ihn gehen, er hat kein Interesse oder keine Zeit mehr.

Idiosynkratische Signale

Bei manchen Menschen zeigen sich besondere individuelle Merkmale, die sogenannten idiosynkratischen Signale. Spricht zum Beispiel jemand grundsätzlich mit abgespreizten Fingern oder zuckt beim Gespräch permanent mit den Schultern, dann ist das ein für diesen Menschen typisches Verhalten.

Zudem fällt Körpersprache in unterschiedlichen Situationen unterschiedlich aus, abhängig von gesellschaftlichen und beruflichen Normen, den kulturellen Gepflogenheiten, dem Geschlecht und den Erwartungen der Zuhörer, Mitarbeiter und Kollegen. So werden Sie sich als Führungskraft im eigenen Unternehmen anders verhalten und bewegen als in einem fremden. Mit einem gleichrangigen Kollegen werden Sie anders sprechen als mit einer Person, die einen untergeordneten Status hat. In der Kaffeeküche wird ein Gespräch eher im Plauderton ausfallen als am Besprechungstisch. Entsprechend locker wird auch die Körperhaltung sein.

Ein Seismograph für die Wahrheit

Wie können wir anhand nonverbaler Signale erkennen, dass der Gesprächspartner gerade nicht ganz ehrlich ist oder nicht zu dem steht, was er sagt? Ganz einfach: Gefühle wie Angst, Unsicherheit oder Nervosität offenbaren sich unbewusst in Gestik, Mimik und Körpersprache und lassen sich kaum kontrollieren. Besonders betroffen sind die distalen Bereiche. Das sind jene Teile des Körpers, die am weitesten vom Herzen entfernt sind, etwa Füße und Finger. Aber auch anhand von sogenannten Mikroausdrücken – kleinen schnellen Veränderungen im Gesicht – können wir wahrnehmen, was in unserem Gegenüber vorgeht. Beim Lügen oder Flunkern beispielsweise verändern sich Gesichtsausdruck und Körperhaltung – wenn auch nur für Bruchteile von Sekunden.

Viele Menschen nehmen diese Minisignale zwar nicht bewusst wahr, haben aber das untrügliche Gefühl, dass etwas nicht ganz stimmig ist. Psychologen haben herausgefunden, dass wir uns mit fünfmal größerer Wahrscheinlichkeit auf die Körpersprache verlassen, wenn bei einem Gesprächspartner ein Widerspruch zwischen dem gesprochenen Wort und seiner Körpersprache besteht. Trotzdem sollten Sie auch da nie vorschnelle Schlüsse ziehen. Hier sei noch einmal ausdrücklich erwähnt: Nur die Betrachtung des gesamten Körpers und der Gesamtsituation ermöglicht es uns, eine vermittelte Botschaft weitgehend zuverlässig einzuordnen.

Kennen Sie Ihre »ehrlichsten« Körperteile?

Das sind die Füße! Schuld daran ist das limbische System in unserem Gehirn. Es sorgt dafür, dass wir auf jene Körperteile, die am weitesten vom Gehirn entfernt sind, am wenigsten Einfluss haben. Wenn wir unser Gegenüber schnell einschätzen wollen, sollten wir also mit dem »Scan« unten beginnen und uns nach oben hocharbeiten. Wer zum Beispiel im Gespräch den Fuß in Richtung seines Gesprächspartners hält, ist mit dem, was er hört, einverstanden. Umgekehrt signalisiert ein abgewandter Fuß keine Übereinstimmung.

Mikroausdrücke – einen Lidschlag lang

»Man lügt wohl mit dem Munde; aber mit dem Maule, das man dabei macht, sagt man doch die Wahrheit.« Schon Friedrich Nietzsche, der Urheber dieses Zitats, erkannte die Existenz sogenannter mimischer Mikroausdrücke, die Auskunft über die wahren Gedanken und Gefühle eines Menschen geben können. Doch nicht nur Ihr Gesicht kann Bände sprechen, sondern natürlich auch das Ihres Gegenübers. Haben Sie sich nicht auch schon gefragt, was Ihr Gesprächspartner gerade wirklich fühlt oder denkt? Ob er die Wahrheit spricht? Wenn Sie daran zweifeln, achten Sie genau auf seine Mimik. Folgende Signale sprechen für die Unwahrheit:

- Plötzliche Emotionen, die zu lange dauern oder zu spät kommen
- Ein regloses Pokerface
- Ein mimischer Ausdruck, der nicht mit der verbalen Aussage übereinstimmt

- Ein auffällig kontrolliertes Verhalten
- Wegwerfende oder wegwischende Bewegungen als Verlegenheitsgesten

Egal, ob bei Politikern, Entscheidungsträgern in der Wirtschaft oder Verhandlungspartnern im Berufsalltag: Das Gesicht ist dank der Mikroausdrücke ein offenes Buch. Diese Gesichtsregungen erscheinen schnell, sehr schnell sogar – zwischen 125 und 150 Millisekunden lang – und können vom Sender nicht kontrolliert werden. Es ist allerdings auch nicht einfach, sie wahrzunehmen. Nur ein winziger Prozentsatz der Menschen ist in der Lage, jede Emotion richtig zu beurteilen. Für den Laien heißt das: üben, üben und nochmals üben.

Eine Möglichkeit: Zeichnen Sie Talkshows auf und beobachten Sie die Gesprächsteilnehmer möglichst genau. Schauen Sie sich die Szenen immer wieder an und stoppen Sie an der Stelle, an der Sie einen »verdächtigen« mimischen Ausdruck wahrzunehmen glauben. Oder: Führen Sie ein Eigenstudium durch. Suchen Sie sich dazu typische Bilder der universellen Mikroausdrücke und versuchen Sie, diese vor dem Spiegel nachzustellen. Der Effekt dieses Selbststudiums: Durch das Aktivieren der Muskulatur verankert Ihr Gehirn die entsprechenden Emotionen. Nehmen Sie nun diese Muskelregungen im Gesicht eines anderen Menschen wahr, dann sorgen die Spiegelneuronen in Ihrem Gehirn dafür, dass die jeweilige Emotion sozusagen »abgerufen« wird.

Die acht universellen Gesichtsausdrücke

Jeder Mensch – unabhängig von Nation oder Kulturkreis – hat bei seiner Geburt acht universelle Gesichtsausdrücke im Repertoire. Die meisten dieser minimalen und blitzschnellen Regungen erkennen wir rund um die Augen und den Mund. Aber wie? Blicken Sie bei Ihren entscheidenden Fragen direkt in das Gesicht Ihres Gegenübers, nehmen Sie dort ein imaginäres Dreieck mit der Spitze nach unten ins Visier und richten Sie Ihren Fokus auf beide Augen und den Mund. Nun können Sie die folgenden wichtigsten Mikroausdrücke erkennen: Fröhlichkeit, Ekel, Verachtung und Zynismus, Angst, Überraschung, Traurigkeit, Sorge sowie Wut.

Fröhlichkeit

Wer lacht, ist fröhlich, findet etwas lustig oder fühlt sich richtig wohl – das lernen wir schon als Kind. Das fröhliche Gesicht ist locker und entspannt, um die Augen zeigen sich kleine Fältchen, der Mund ist breit geöffnet und die Wangen sind nach oben gezogen [Bild Nr. 1].

Doch Fröhlichkeit kann auch vorgetäuscht sein – beispielsweise weil sie in einer bestimmten Situation vom sozialen Umfeld erwartet wird. Wir geben uns locker und unbeschwert und lachen auch dann ausgelassen, wenn wir etwas gar nicht witzig finden. Vermutlich haben auch Sie schon gute Laune vorgetäuscht, obwohl Sie sich eigentlich nicht wohlfühlten, oder Sie haben etwas bemüht über einen schlechten Witz gelacht. Neben dem echten Lachen als Ausdruck von Fröhlichkeit und dem unechten Lachen, um Fröhlichkeit vorzutäuschen, gibt es noch das Lachen in Situationen, in denen es eher unangebracht und manchmal sogar richtig verletzend ist: das Lachen aus Schadenfreude.

Ekel

Diese Emotion lässt sich leicht erkennen, da ein großer Bereich des Gesichtes mimisch involviert ist. Beim Ausdruck von Ekel hebt sich die Oberlippe und die Mundwinkel ziehen sich nach unten. Ein charakteristisches Merkmal sind die Falten rund um die Nase. Je mehr Falten, desto intensiver das Gefühl. Spricht ein Kollege anerkennend über eine Person, während Sie einen Anflug des Ekels in seiner Mimik beobachten, dann sagt er wahrscheinlich nicht seine ehrliche Meinung [Bild Nr. 2].

Verachtung und Zynismus

Verachtung macht sich meist in der unteren Gesichtshälfte rund um den Mund bemerkbar. Eine Seite der Lippe zieht sich nach oben. In Talkshows können Sie diese Mimik wunderbar beobachten. Ein Gast äußert seine Meinung und der Konterpart zieht nur verächtlich seine Lippe nach oben, während er vermutlich denkt: »Du hast ja keine Ahnung, wovon du sprichst. Ich aber sehr wohl.« [Bild Nr. 3]

Angst

Jeder von uns kennt diese Emotion, und mit Sicherheit war Ihnen auch schon mal die Angst ins Gesicht geschrieben – sei es beim Anschauen eines besonders gruseligen Horrorfilms oder in brenzligen Situationen, die Sie selbst erlebt haben. Empfindet eine Person Angst, dann ziehen

1

Echte Freude erkennen Sie an den Fältchen um die Augen; die Mundwinkel und Wangen sind nach oben gezogen.

2

Bei Ekel sind die Mundwinkel nach unten gezogen.

3

Eine Lippenseite wird nach oben gezogen. Ein Zeichen für Verachtung.

4

Angst: Die Lippen werden in die Horizontale gezogen und die Augen weiten sich.

5

Bei Überraschung weiten sich die Augen.

6

Die gesamte Gesichtsmuskulatur sinkt nach unten und der Blick ist leer – typische Signale für Traurigkeit.

7

Ein Sorgengesicht: Kräuseln in der Mitte der Stirn und nach oben gezogene Augenbraueninnenseiten.

8

Die Zornesfalte zwischen den Augenbrauen gepaart mit aufeinandergepressten Lippen bedeutet Wut.

sich beide Augenbrauen nach oben und zusammen, die Augen können sich weiten. Die unteren Augenlider sind angespannt, und die Lippen ziehen sich verkrampft in Richtung Ohren [Bild Nr. 4].

Überraschung

Wenn sich beide Augenbrauen zwar nach oben, aber nicht – wie etwa beim zornigen Gesichtsausdruck – zusammenziehen und die Augen weit geöffnet sind, ist das ein Zeichen für Überraschung [Bild Nr. 5]. Zusätzlich kann auch der Kiefer nach unten fallen. Dabei muss zwischen positiver und negativer Überraschung unterschieden werden. Übrigens ist Überraschung ein Gefühl, das sehr häufig mimisch vorgetäuscht wird. Überreichen Sie Ihrem / Ihrer Liebsten beispielsweise ein lang ersehntes Geschenk zum Geburtstag und die Überraschung dauert länger als eine Sekunde, dann wusste er / sie höchstwahrscheinlich bereits von seinem / ihrem Glück.

Traurigkeit

Bei Traurigkeit verliert die Mimik generell an Spannung, der Gesichtsausdruck ist leblos. Die Augenbrauen sinken nach unten, und auch die Mundwinkel ziehen sich leicht nach unten. Zusätzlich haben wir das Gefühl, der Blick des traurigen Menschen gehe ins Leere [Bild Nr. 6].

Sorge

Sorgt sich ein Mensch, dann ist ein charakteristisches mimisches Merkmal das waagerechte Kräuseln in der Mitte der Stirn [Bild Nr. 7]. Auch leicht angehobene Augenbrauen sind ein unfehlbarer Hinweis auf diese Emotion. Erzählen Sie beispielsweise Ihrem Gesprächspartner von einem geschäftlichen Problem und Sie bemerken Sorgenfalten auf seiner Stirn, dann macht er sich ehrlich Gedanken und bringt auf diese Weise seine Empathie zum Ausdruck.

Wut

Wut oder Zorn fühlt der Mensch häufig instinktiv, da bei dieser Empfindung automatisch das Kampf- oder Fluchtverhalten aktiviert wird. Kommt Ihnen zum Beispiel Ihr Chef oder ein Kunde im Fall einer Reklamation mit einem wütenden Gesicht entgegen und sagt die charmanten Worte: »Ich wäre Ihnen sehr dankbar, wenn Sie sich darum kümmern könnten«, dann handeln Sie am besten schnell.

Wut oder Zorn erkennen Sie, wenn sich die Augenbrauen Ihres Gegenübers senken, die berühmte Zornesfalte zwischen den Augenbrauen sichtbar wird und die Lippen teilweise verblassen, weil sie aufeinander gepresst werden [Bild Nr. 8]. Zudem beginnen seine Augen zu glänzen und sind fokussiert. Sagt jemand »Ist schon okay« und zeigt dabei den beschriebenen Gesichtsausdruck, dann versucht er, seine Wut zu unterdrücken. Eine waagrecht gekräuselte Stirn mit leicht nach oben gezogenen Augenbrauen signalisiert Sorge.

Pupillen verraten vieles

Wollen Sie wissen, ob Sie jemand attraktiv oder begehrenswert findet, dann genügt häufig ein Blick in seine Augen. Große Pupillen verraten stets Zuneigung. Man hat herausgefunden, dass die Pupillengröße auch durch psychische Komponenten beeinflusst wird. Der für die Größe der Pupille verantwortliche Muskel ist über den Sympathikus indirekt mit dem limbischen System verbunden. Pupillenreaktionen sind also unabhängig von der Lichtintensität. Vergrößern sich die Pupillen, kann das ein Zeichen von Interesse sein, aber auch ein Zeichen von Angst, Erregung oder Überraschung. Im zweiten Fall spricht man von »schreckgeweiteten« Augen.

Beurteilen Menschen eine Situation negativ, fühlen sie sich überfordert oder haben kein Interesse, dann erschlafft der entsprechende Muskel und die Pupille verkleinert sich. Zusätzlich ziehen sich die Augenbrauen zusammen. Zusammengekniffene Augen sind eine Reaktion auf unangenehme Gedanken oder Gefühle. Schnelle Augenbewegungen sind ein Zeichen von hoher Aktivität oder Nervosität. Bewegen sich die Augen dagegen sehr langsam oder kaum, kann hohe Belastung der Grund dafür sein. Allgemein gesprochen gelten nach oben gezogene Augenbrauen als Zeichen von Interesse und positiven Gefühlen. Senkt jemand die Augenbrauen, deutet das eher auf negative Gefühle, Anspannung oder Unsicherheit hin.

Ungereimtheiten, die hellhörig machen

Nicht nur mimische Mikroausdrücke können verraten, was jemand wirklich denkt oder fühlt. Der Mix aus gesprochenem Wort und Körpersprache ist der sichere Garant dafür, die Wahrheit zu erfahren. Bei der Wahrheit passen Wörter und nonverbale Signale zusammen. Man spricht von einem kongruenten Verhalten. Die Armbewegungen, der Gesichtsausdruck und die Stimme (Tonlage, Rhythmus, Pausen, Dynamik) entsprechen den Worten.

Verhandeln Sie beispielsweise mit einem wichtigen Geschäftspartner, der erklärt: »Ihr Angebot passt perfekt zu unserem Vorhaben«, und Sie nehmen gleichzeitig einen skeptischen Gesichtsausdruck wahr, dann liegt ein inkongruentes, ein nicht übereinstimmendes Verhalten vor. In solchen Fällen ist es angebracht, besonders aufmerksam zu sein. Bei den folgenden Ungereimtheiten sollten Sie besonders aufmerksam sein:

Körpersprache vor Wort

Echte Gefühle zeigen sich vor den gesprochenen Worten. Stellen Sie sich vor, Sie treffen auf einen potenziellen Kunden, Sie begrüßen sich und der Kunde sagt: »Ich freue mich sehr, Sie zu sehen« – und erst nach den Begrüßungsworten erscheint ein Lächeln in seinem Gesicht. Die Wahrscheinlichkeit, dass er ein wenig flunkert, ist in diesem Fall relativ groß. Oder: Stellen Sie sich vor, ein Bankvertreter versucht Ihnen Fonds schmackhaft zu machen und Sie wollen sich vergewissern, dass Ihre Investition auch sicher ist. Also fragen Sie ihn: »Können Sie mir garantieren, dass ich keinen Verlust erleide?« Legt der Vertreter sofort damit los, sich zu »rechtfertigen«, und zeigt erst danach mimisch seine Enttäuschung über Ihren Einwand, ist Vorsicht geboten. Offenbar war er auf Ihre Zweifel schon vorbereitet.

Weiße Lügen

Bei den »weißen Lügen« handelt es sich um kleine (Not-)Lügen, die dem Gegenüber nicht schaden, sondern eher für dessen Wohlergehen sorgen sollen. Es sind sozusagen prosoziale Lügen. Ein Beispiel: Geschäftspartner begrüßen sich häufig mit dem Satz »Ich freue mich, Sie zu sehen« und behalten dabei einen ernsten Gesichtsausdruck. Ein Satz ohne tiefere Bedeutung. Oder: Ein Teamchef möchte seinem Team die Angst vor Gerüchten über die schlechte Umsatzlage nehmen und sagt: »Wir stehen gut da. Wir haben alles unter Kontrolle.« Gleichzeitig schüttelt er leicht den Kopf und schiebt die aufgerichteten Handflächen nach vorne. Die zugesicherte Kontrolle scheint nicht wirklich vorhanden zu sein, aber die Mitarbeiter sind dennoch beruhigt.

Unstete Gefühlsäußerungen

Angenommen, Sie müssen einen bestimmten Sachverhalt genau abklären und möchten in einem Gespräch überprüfen, ob alle relevanten Fakten auf den Tisch gelegt wurden. Während des gesamten Gesprächs bemerken Sie bei Ihrem Gesprächspartner starke Gefühlsschwankungen: Ein lachendes Gesicht wird von einer eher ausdruckslosen Mimik abgelöst. Weit aufgerissene Augen wechseln sich mit zusammengekniffenen Augen ab. Auf die in Falten gelegte Stirn folgt eine gerümpfte Nase. Der Mund ist zusammengepresst und bald darauf locker geöffnet. In solchen Fällen sind Zweifel an der Ehrlichkeit des Gegenübers durchaus berechtigt. Der Grund: Untersuchungen haben ergeben, dass Lügner stärkeren Gefühlsschwankungen ausgesetzt sind als Personen, die die Wahrheit sagen. Erfahrene Lügner, aber auch in der Öffentlichkeit stehende Personen wissen das und versuchen deshalb, ihre Emotionen zu kontrollieren.

Zu lange und übertriebene Emotionen

Wenn Menschen flunkern, versuchen sie auch automatisch, falsche Signale auszusenden. Diese dauern häufig einen Sekundenbruchteil zu lang oder decken sich nicht mit der verbalen Aussage. Angenommen, Sie präsentieren einem Verhandlungspartner ein Angebot. Dauert seine Überraschung eine Spur zu lange und wirkt seine Mimik etwas übertrieben, können Sie sicher sein, dass er Ihr Angebot bereits kannte.

Unsymmetrische Anspannung

Zeigen Menschen echte Gefühle, dann erfolgt die Anspannung der Gesichtsmuskulatur symmetrisch. Das bedeutet, die linke und rechte Gesichtshälfte werden gleich stark aktiviert beziehungsweise die obere und untere Gesichtshälfte spielen gleichmäßig zusammen. Ist jemand zornig, dann presst er die Lippen fest aufeinander und zeigt seine Zornesfalte. Bewegt sich jedoch nur die Stirn, dann ist das kein eindeutiger Beweis für echte Wut.

Ein Beispiel: Sie fordern eine Gehaltserhöhung und bemerken, dass sich bei Ihrem Vorgesetzten nur ein Mundwinkel und eine Augenbraue für einige Sekunden nach oben ziehen. Mit diesem Zeichen von Sarkasmus gibt er Ihnen indirekt zu verstehen, dass er auf Ihre Forderungen nicht eingehen wird, auch wenn er momentan vorgibt, es sich überlegen zu wollen.

Nonverbale Signale nutzen

Die Körpersprache ist also das wichtigste und zugleich ehrlichste Instrument für eine überzeugende Wirkung. Und ebenso, wie unsere Haltung, Gesten und Mimik unbewusst viel über unsere Gefühle aussagen, gibt auch die Körpersprache unserer Mitmenschen wichtige Informationen über deren Seelenleben weiter, die gerade bei eher unpersönlichen Geschäftskontakten von großem Vorteil sein können.

Stellen Sie sich zum Beispiel vor, einer Ihrer Geschäftspartner macht Versprechungen, die wahrscheinlich nicht haltbar sind. Wäre es dann nicht gut, Sie könnten die Diskrepanz zwischen den gesprochenen Worten und den nonverbalen Signalen erkennen? Man hat herausgefunden, dass die Mimik zwar relativ gut kontrollierbar ist, die Gesamtkörperhaltung und die Bewegungen von Händen, Beinen und Füßen jedoch deutlich weniger. Es gibt also bestimmte Körperpartien, die sehr leicht verraten können, dass Ihr Gegenüber nicht unbedingt die Wahrheit sagt oder nicht mit der ganzen Wahrheit herausrückt.

Die 3-Schritte-Regel

Egal ob Führungskraft, Mitarbeiter, Geschäftspartner, Freund oder Partner: Wir wollen häufig wissen, was der andere wirklich denkt. Dabei kommt uns eine Eigenschaft des menschlichen Gehirns zugute. Viele körpersprachliche Signale lassen sich nicht kontrollieren, da sie vom limbischen System gesteuert werden. Dieses reagiert reflexartig und in Echtzeit auf bestimmte Situationen, Erlebnisse und Ereignisse. Knallt zum Beispiel jemand fest die Tür zu, dann reagieren wir automatisch mit einem Hochziehen der Schultern und schließen kurz die Augen. Versuchen Sie einmal, nicht so zu reagieren – es wird nicht funktionieren.

So sehr wir mit Worten spielen können, so wenig Kontrolle haben wir über unsere unbewusste Körpersprache, die immer die Wahrheit verrät. Und das ist auch gut so, denn Emotionen und natürliche Reaktionen sind ein wesentlicher Bestandteil des Miteinanders und eine gute Informationsquelle, um mehr über einen Gesprächspartner zu erfahren. Die im nächsten Absatz aufgeführten verräterischen Signale helfen zu erkennen, was Ihr Gegenüber fühlt oder denkt oder welche Handlungsabsichten er hat. Halten Sie sich beim Beobachten jedoch an das höchste Gebot, das Sie möglichst niemals verletzen sollten: Respekt zollen! Gehen Sie diskret vor und verunsichern Sie Ihr Gegenüber nicht! Geben

Sie ihm ein gutes Gefühl. Und überlegen Sie sich: »Will ich wirklich immer die Wahrheit wissen?«

Befolgen Sie beim Analysieren immer auch die 3-Schritte-Regel:

1. Beobachten: Halten Sie sich bei der Beurteilung von körpersprachlichen Signalen immer an die Voraussetzungen für die richtige Interpretation.
2. Verarbeiten: Überdenken Sie das, was Sie gesehen haben. Zu welchem Zeitpunkt haben Sie die Reaktion wahrgenommen? Über was haben Sie gerade diskutiert? Waren Sie verantwortlich für das Verhalten? Was haben Sie gesagt, getan, gezeigt? Der Körper spricht immer.
3. Reagieren: Überlegen Sie sich Ihre Reaktion genau. Ist es notwendig zu reagieren, um möglicherweise Missverständnisse auszuräumen? Oder müssen Sie weitere Alternativen aufzeigen, um das Interesse aufrechtzuerhalten? Wissen Sie wirklich, welche Bedürfnisse Ihr Gesprächspartner in sich trägt? Wenn nicht, dann fragen Sie ihn einfach danach.

Die unkontrollierbare Körperhälfte

Die meisten Menschen glauben, dass die Wahrheit sich am ehesten im Gesicht eines Menschen zeigt. Und das stimmt auch, jedoch mit Einschränkungen. Jede kleinste Emotion spiegelt sich in Mikroausdrücken wider, in minimalen Kontraktionen diverser Muskelgruppen im Gesicht, die bestimmte Rückschlüsse zulassen.

Allerdings spielen sich diese Bewegungen, wie Sie bereits wissen, im Millisekunden-Bereich ab und sind deshalb nur mit dem geschulten Auge wahrnehmbar. Inzwischen geht man eher davon aus, dass die distalen Bereiche (also die am weitesten vom Herzen entfernten) am meisten Aufschluss über die Empfindungen und Handlungsabsichten eines Menschen geben.

Das Fluchtbein

Bei Interesse und Zustimmung sind Fußspitzen und Oberkörper einer Person auf den Gesprächspartner gerichtet. Das können Sie beispielsweise in Geschäftsräumen, am Tresen einer Bar und in Restaurants

Geht das Interesse verloren, dann wenden sich Fußspitzen oder Oberkörper ab. Fertig ist das Fluchtbein.

Zeichen von Selbstbewusstsein: Eine Person wippt bei ihren Ausführungen häufiger hin und her.

beobachten. Fühlen sich Menschen in Gegenwart eines anderen wohl, dann zeigen ihre Fußspitzen direkt auf diese Person; interessiert sich ein Kunde für ein bestimmtes Produkt, dann wendet er sich diesem zu. Und auch beim Flirten sind die Fußspitzen ein entscheidender Indikator. Geht das Interesse verloren, dann wendet die Person ihre Fußspitzen oder den Oberkörper ab [Bild Nr. 9]. Manchmal zeigen die Füße eines Redners nach dem Vortrag zu schnell Richtung Ausgang, weil er der Situation am liebsten entfliehen würde.

Der Taktstock

Es vergeht kaum eine Talkshow, in der nicht bei mindestens einer der beteiligten Personen der sogenannte Taktstock zum Vorschein kommt. Will ein Gast ein Argument besonders stark betonen, dann unterstreicht er das mit einer rhythmischen Bewegung mit dem Fuß, der kräftig wippt. Genauso verhält sich auch gern ein Redner, der einen Punkt besonders hervorheben möchte und deshalb zu »taktenden« Gesten greift.

11

12

Wer eine Situation verlassen möchte, nimmt eine Fluchtpose ein.

Wer in einer Verhandlungssituation die Fußsohlen zeigt, signalisiert damit bezogen auf den Gesprächsinhalt ein Bremsen.

13

Das hohe Kinn und ein breitbeiniger Stand wirken überheblich.

Der Stehwipper

Das Fußwippen im Sitzen darf nicht verwechselt werden mit dem Wippen im Stehen. Wippt eine Person im Gespräch, also stellt sie sich auf die Fußballen und rollt wieder auf den vollen Fuß zurück [Bild Nr. 10], dann ist das ein Zeichen von Selbstbewusstsein und Überzeugung. Diese Haltung könnte so gedeutet werden: »Ich bin selbstbewusst, überzeugt von der Sache und kann mich etwas größer machen.« Die meisten Menschen, die dieses Wippen einsetzen, fühlen sich in der Gruppe überlegen und wollen Kraft und Macht demonstrieren. Um auf den Ballen zu stehen, müssen nämlich viele Muskelgruppen in Spannung versetzt werden.

Das Bremspedal

So klassisch wie der Taktstock ist auch das Bremspedal. Wer in einer Verhandlungssituation im Stehen die Fußsohlen zeigt, signalisiert damit ein Bremsen bezogen auf den Gesprächsinhalt [Bild Nr. 11]. Wenn Sie dieses Signal bemerken, können Sie gegenlenken und entweder weitere Optionen anbieten oder Ihrem Gegenüber die Gelegenheit geben, erst einmal Dampf abzulassen. Wenn sich jedoch nur die Fußspitzen schnell auf und ab bewegen, ist das eher ein Zeichen von Nervosität – möglicherweise geht Ihrem Gegenüber die Sache zu langsam.

Zeit zum Gehen

Einen ungeduldigen Gesprächspartner erkennen Sie daran, dass er sich in der Sitzposition an ein oder an beide Knie fasst und dabei den Oberkörper deutlich nach vorne beugt: die klassische Fluchtpose [Bild Nr. 12]. Schiebt er noch einen Fuß oder sogar beide Füße leicht unter den Stuhl nach hinten und sitzt nur noch auf der Stuhlkante, dann ist der Wunsch, das Gespräch zu beenden, kaum noch zu übersehen.

Die Machopose

Männer tendieren dazu, einen breiteren Stand einzunehmen. Das wird als dominante Geste wahrgenommen und soll ein Zeichen von Macht und Autorität sein. Interessanterweise setzen Personen der obersten Führungsetage diese Haltung kaum mehr ein. Bei einem breitbeinigen Stand kippen Männer leicht das Becken nach vorne und heben das Kinn an [Bild Nr. 13]. In dieser Haltung wirken sie alles andere als sympathisch, eher schon distanziert und ablehnend. Diese Haltung lässt sich

14

Übereinandergeschlagene Beine wirken feminin.

15

Aufgeblähte Wangen, dann auspusten: häufig bei Politikern als Reaktion auf unangenehme Fragen.

oft in Konkurrenzsituationen beobachten oder wenn jemand bewusst Dominanz ausstrahlen möchte. Häufig wird aber nur Unsicherheit kaschiert. Besonders junge Führungskräfte wollen ihre vermeintlich geringere Erfahrung durch diese Pose ausgleichen. Doch nur in bedrohlichen Situationen signalisiert diese Haltung Stärke.

Übereinandergeschlagene Beine

Das Übereinanderschlagen der Beine wird häufig mit Kontaktscheu und Verschlossenheit assoziiert. Doch das Gegenteil ist der Fall. Meist ist es ein Zeichen dafür, dass jemand sich wohlfühlt. Frauen nehmen diese Position häufiger ein, um femininer zu wirken [Bild Nr. 14]. Beim Übereinanderschlagen der Beine ist die Richtung weisend: Wird das linke Bein in Richtung des rechten Gesprächspartners überschlagen, ist es ein Zeichen von Zuwendung. Beobachten Sie bei Ihrem Gesprächspartner, dass er zu Ihren Ausführungen zwar leicht nickt und lächelt, aber gleichzeitig mit seinem übereinandergeschlagenen Bein unruhig auf und ab wippt, werten Sie das Nicken und Lächeln als reine Höflichkeitsgesten. Er würde nämlich gern gehen.

Zur Selbstberuhigung

In stressigen Situationen erzeugt unser Körper automatisch Adrenalin, das für eine erhöhte Spannung im Körper sorgt. Dafür verantwortlich ist unser limbisches System, das automatisch einen Urinstinkt in Gang setzt: die Kampf- oder Fluchtreaktion. Da es jedoch Situationen gibt, in denen wir weder flüchten noch kämpfen können, hat der Mensch sogenannte adaptive Reaktionen entwickelt, um sich selbst zu entspannen. Je höher das Unbehagen, desto wahrscheinlicher sind Selbstberuhigungsgesten und desto häufiger treten sie auf. Manche Signale sind sofort zu erkennen, andere sind sehr subtil. Achten Sie auch in diesen Fällen immer auf die Baseline Ihres Gegenübers. Folgende Signale werden am häufigsten registriert:

Die spezielle Atmung

Bevor Menschen auf ein stressiges Ereignis reagieren, halten sie kurzfristig den Atem an und blähen gleichzeitig die Wangen auf, um danach die angestaute Luft auszupusten [Bild Nr. 15]. Beobachten Sie einmal, wie Politiker auf unangenehme Fragen von Journalisten reagieren oder welche Reaktionen Sie bei einem Verhandlungspartner bemerken, wenn das Gespräch die heiße Phase erreicht hat. Vielleicht kennen Sie eine gefährliche Situation aus eigener Erfahrung: ein Autounfall, der gerade noch glimpflich abgegangen ist, oder eine harte Landung mit dem Flugzeug. Es gibt unzählige Beispiele für Situationen, in denen uns im wahrsten Sinn des Wortes der Atem stockt.

Verlegene »Selbstintimitäten«

Werden wir mit etwas Unangenehmem konfrontiert, dann führen wir gern Verlegenheitsgesten, sogenannte Selbstintimitäten, aus. Diese werden so bezeichnet, weil sie als unbewusste Nachahmung einer Berührung Behagen bereiten. Es gibt mehrere Ausdrucksformen. Wir berühren zum Beispiel Teile des Kopfes, streichen über Gesicht und Hals,

16

In unangenehmen Situationen streicht man sich über den Kopf oder andere Körperteile.

17

Männer fassen sich aus Verlegenheit manchmal an die Nase.

18

Frauen spielen auch gerne mit ihrer Halskette.

19

Zur Beruhigung werden trockene Lippen mit der Zunge befeuchtet.

20

Starkes Gähnen verhilft zur Entspannung bei Stress.

oberhalb oder entlang der Augenbraue [Bild Nr. 16], über die Stirn oder die Schläfe, fassen uns an ein Ohrläppchen oder sehr gern an die Nase [Bild Nr. 17]. Verhaltensforscher haben beobachtet, dass solche Berührungen Rückschlüsse auf die seelische Verfassung zulassen. Männer tendieren dazu, sich an den Krawattenknoten zu greifen, um sich »mehr Luft zu verschaffen«, oder sie streichen sich mit der Hand über den Nacken. Frauen berühren gern die Halskuhle oder spielen mit einer Halskette [Bild Nr. 18].

Schlucken, Gähnen, Lippen befeuchten

Befinden wir uns in einer Stresssituation, dann bekommen wir automatisch einen trockenen Mund. Wenn Sie öfter Vorträge oder Präsentationen halten, dann kennen Sie das: Plötzlich brauchen wir dringend Wasser, damit die Worte wieder flüssig aus uns herauskommen. Sind wir nervös, läuft automatisch das instinktive Kampf- oder Fluchtprogramm im Gehirn ab, unsere Verdauungsprozesse verlangsamen sich und die Speichelproduktion im Mund wird reduziert. Ist die Mundhöhle zu trocken, tendieren wir dazu, stärker zu schlucken. Ein auffälliges Schlucken – das besonders bei Männern mit Adamsapfel gut sichtbar ist – ist ein deutliches Signal für eine Stressreaktion. Der Betroffene möchte sich beruhigen. Gleiches gilt für das Benetzen der trockenen Lippen mit feuchter Zunge [Bild Nr. 19]. In beiden Fällen möchte man das ungute Mund- und Lippengefühl ändern.

Manche Menschen beginnen in Stresssituationen sehr stark zu gähnen [Bild Nr. 20]. Der Grund: Dadurch müssen sie unbewusst tief einatmen, was zur Beruhigung und Entspannung beiträgt. Wie weit verbreitet dieses Phänomen ist, habe ich bei meinen Vorträgen selbst schon erlebt. So manches Mal fragte mich ein Auftraggeber, ob er mir noch schnell einen doppelten Espresso bringen dürfe, weil er mein Gähnen bemerkt hatte und es für ein Zeichen von Müdigkeit hielt. Doch in Wahrheit war ich in dieser Phase hoch konzentriert. Das Gähnen war nichts anderes als ein Selbstentspannungsprogramm.

Das Spiel mit der Stimme

Eine Freundin erhöht in angespannten Situationen rasant ihr Sprechtempo. Sie redet schnell ohne Punkt und Komma. Es ist ihre Art, überschüssige Energie abzubauen – ein Phänomen, das besonders bei Frauen häufig anzutreffen ist. Andere Menschen wiederum beruhigen sich, indem sie summen oder pfeifen. Das lenkt ab und gibt ihnen ein gutes Gefühl.

Auf einem Flug nach Berlin beobachtete ich einmal einen Mann neben mir, der einen erhöhten Lidschlag hatte, seinen Schulterbereich anspannte und sich krampfhaft an den Armlehnen festhielt. Es war unschwer zu erkennen, dass seine Freude am Fliegen nicht allzu groß war. Kurz vor dem Start kam es noch zu einer Steigerung: Er begann zu pfeifen. Die Blicke der Mitreisenden waren alles andere als verständnisvoll oder gar charmant. Ich sprach ihn mit einer leichten Berührung am Unterarm auf seine Flugangst an. Zuerst reagierte er ein wenig verdutzt, war dann jedoch ausgesprochen dankbar, dass ich ihn mit vielen Fragen ablenkte.

Gebührende Aufmerksamkeit

Um körpersprachliche Signale zu erkennen und entsprechend reagieren zu können, sollten Sie Ihrem Gesprächspartner stets die volle Aufmerksamkeit schenken. Beobachten Sie seine Körpersprache, ohne ihn dabei »durchleuchten« zu wollen. Ein Grundsatz für jede akzeptable und erfolgreiche Kommunikation.

Special: Digitale Körpersprache für Social Media

In der Online-Welt gilt das Credo: Das Internet vergisst nichts. Umso wichtiger ist es, wie Sie sich im World Wide Web und insbesondere in den Social Media präsentieren und welche optischen Spuren Sie hinterlassen. Fragen Sie sich: Wie viele und welche Informationen wollen und sollen Sie von sich preisgeben?

Die Macht der Bilder

Bilder sagen mehr als tausend Worte – gerade in sozialen Netzwerken wird mittlerweile maßgeblich über das Medium des statischen und bewegten Bildes kommuniziert. Haben Sie sich schon einmal die Frage gestellt, wie Sie auf Ihren Bildern und Videos wirken? Haben Sie bewusst auf die Sprache Ihres Körpers geachtet? Geben die Bilder, die Sie freiwillig veröffentlichen, ein kongruentes Bild Ihrer Persönlichkeit ab? Ein Bild, das Sie vermitteln wollen? Präsentieren Sie sich so, wie Sie tatsächlich wirken möchten? Sind Sie sicher, dass Sie keine negativen Signale senden? Da Social-Media-Plattformen zunehmend nicht nur im privaten, sondern auch im beruflichen Bereich genutzt werden, ist eine gut durchdachte Präsentation in der Online-Welt absolut erforderlich.

Von Berufs wegen im Netz

Für die eigene Karriere und das persönliche Business-Netzwerk muss man sich mittlerweile auch online präsentieren – und zwar seriös, kompetent und vertrauenswürdig. Schließlich sollen Ihre Business-Kontakte ein positives Bild von Ihnen erhalten, wenn sie online auf Sie stoßen. Gehen Sie also sparsam mit allzu intimem und privatem Bildmaterial um, etwa mit dem virtuellen Fotoalbum Ihres letzten Strandurlaubs. Wenn Sie private Bilder dennoch mit Ihren engsten Freunden teilen möchten, empfiehlt es sich, diese mithilfe der technischen Möglichkeiten, die die meisten Portale bereitstellen, auch nur für diesen Kreis zugänglich zu machen.

Achten Sie also bei Bildern und Videos genau darauf, dass Sie sich mit Ihrer Körpersprache als Privatperson, aber auch stellvertretend für Ihre Firma, positiv und ansprechend darstellen. Geben Sie keine firmeninternen Informationen preis, denn öffentliche Plattformen sind bekanntlich auch für die unmittelbare Konkurrenz einsehbar.

Auf dem Sprung zum neuen Job

Im Fall eines laufenden Bewerbungsverfahrens ist besondere Umsicht geboten. Fragen Sie sich: Welchen Eindruck hinterlassen die Bilder und Videos, die im Internet von mir zu finden sind? Demonstriere ich mit meiner Körperhaltung, Mimik und Gestik ein gesundes Selbstbewusstsein oder wirke ich selbstverliebt oder gar arrogant oder unsicher und wenig souverän? Stehe ich bei Gruppenbildern oftmals im Vordergrund und verdecke andere? Wirke ich freundlich oder missgelaunt? Übrigens: Bilder lassen sich austauschen! Und das Recht am eigenen Bild ist ein hohes Gut!

Auf den Punkt: Die 10 wichtigsten Basis-Tipps in puncto Körpersprache

1. Wirken Sie echt! Das, was Sie sagen, und das, was Ihr Körper »spricht«, müssen übereinstimmen, sonst wirken Sie unglaubwürdig. Aufgesetzte Körpersprache funktioniert nicht!

2. Ausstrahlung zählt! Sie können zwar nicht Ihre Körpersprache dirigieren – Ihre innere Haltung jedoch schon. Das bedeutet: Fühlen Sie sich souverän und kompetent, dann strahlen Sie das auch aus.

3. Ein Lächeln funktioniert immer! Viele Situationen lassen sich mit dem simpelsten nonverbalen Signal lösen beziehungsweise auflockern – einem echten Lächeln. Je offener und freundlicher wir anderen begegnen, desto eher öffnen sie sich auch uns.

4. Positive Gesten! Der Unterschied zwischen positiven und negativen Gesten ist manchmal minimal, aber oft entscheidend. Faustregel: offene Hand-flächen und Gesten von unten nach oben – nicht umgekehrt.

5. Kopf hoch, Brust raus! Ein altbewährter und noch immer gültiger Tipp. Zwar sollte man es nicht übertreiben und eine steife, militärische Haltung annehmen – eine aufrechte und souveräne sowie zugleich lockere Körper-haltung sorgt jedoch bereits für jede Menge Wirkung.

6. Blickkontakt! Nicht zu viel und nicht zu wenig – wie bei vielen Dingen ist auch in puncto Blickkontakt ein gutes Mittelmaß ideal, um selbstbewusst und interessiert zu wirken.

7. Souveräne Gangart! Weder schleichen noch schreiten – auch beim Gehen ist die goldene Mitte zu empfehlen. Ein selbstbewusster, aber trotzdem lockerer Gang, der Kompetenz ausstrahlt, aber ebenso sympathisch wirkt.

8. Werden Sie zum Spiegel! Gegenseitige Sympathie führt zu ähnlicher Körpersprache. Darum spiegeln Sie Ihr Gegenüber – möglichst dezent – und bewirken so auch eine inhaltliche Übereinstimmung.

9. Nicken hilft! Ebenso wie mit ähnlichen nonverbalen Signalen können Sie mit zustimmenden Gesten punkten. Ein leichtes Nicken mit dem Kopf, wenn der andere spricht, und eine zugewandte Körperhaltung wirken Wunder.

10. Nie den Kontext vergessen! Körpersprachliche Signale stehen nie für sich, sondern hängen immer mit der jeweiligen Situation, Stimmung etc. zusammen.

2. Körpersprache im Vorstellungs- gespräch

Glückwunsch! Ihre Bewerbungsunterlagen haben einen positiven Eindruck hinterlassen und Sie haben die Einladung zu einem persönlichen Vorstellungsgespräch erhalten, da der potenzielle Arbeitgeber Sie fachlich für geeignet hält. Damit sind Sie Ihrem Ziel schon ein gutes Stück näher gerückt. Bisher haben Sie also alles richtig gemacht. Nun wollen Sie den Weg auch erfolgreich zu Ende gehen und die Stelle bekommen.

Doch das persönliche Vorstellungsgespräch ist eine der größten Hürden im Bewerbungsmarathon. Gerade in einer Situation, in der Sie partout brillieren wollen, kommt es oft »erstens anders und zweitens, als man denkt«. Dabei sorgen sich Bewerber meist darum, dass das, was sie sagen oder auch nicht sagen, ihre Chancen minimieren könnte. Ein Irrtum. Natürlich sollten Sie Ihre Kompetenz auch verbal vermitteln und keinen nervositätsbedingten Unsinn erzählen. Doch die Annahme, dass jedes Wort und jede Formulierung auf die Goldwaage gelegt werden, stimmt so nicht.

Was für die endgültige Beurteilung viel mehr ins Gewicht fällt, ist das, was wir nonverbal kommunizieren – mithilfe unseres Körpers. Die Körpersprache bestimmt zu etwa 80 Prozent den Gesamteindruck, den andere Menschen von uns haben, unabhängig von der Situation. Der Grund: Haltung, Gestik, Mimik und Stimme liefern nicht nur mehr, sondern auch ehrlichere Informationen über einen Menschen, als Worte es könnten. Deshalb ist es gerade in der Vorbereitung auf ein Bewerbungsgespräch so wichtig, zu wissen, wie man auf andere wirkt. Und natürlich auch, wie man die eigene Wirkung optimieren kann.

Gut vorbereitet – die beste Voraussetzung

Sich gut zu präsentieren und die eigene Kompetenz zu zeigen, das sind die obersten Ziele, die Sie bei einem Vorstellungsgespräch verfolgen werden. Darauf sollten Sie sich konzentrieren. Fühlen und präsentieren Sie sich selbstbewusst und überzeugend, wird auch das, was Sie über sich erzählen, einen überzeugenden Eindruck hinterlassen. Entscheidend ist: Kontrollieren Sie Ihre Nervosität! Das klingt eigentlich recht leicht, ist aber nicht unbedingt einfach. Solange wir uns in gewohnten Alltagssituationen befinden, sind wir entspannt und völlig rational bei der Sache. Finden wir uns allerdings plötzlich in einer ungewohnten Situation wieder, verabschiedet sich unsere Ratio vorübergehend.

Umso mehr Bedeutung kommt in solchen Situationen unserer Körpersprache zu. Auch in puncto Gesten und Mimik macht sich unsere Nervosität natürlich bemerkbar, da wir unsere ganz persönlich Baseline nicht von einem Moment auf den anderen wie ein Kostüm oder einen Anzug ablegen können. Dennoch können wir unsere nonverbalen Signale ein wenig kontrollieren beziehungsweise steuern. Und das hat einen positiven Nebeneffekt: Beruhigen wir unsere Körpersprache, beruhigen sich auch unsere Gedanken und wir können in der Folge wesentlich entspannter agieren und uns positiv präsentieren – mit und ohne Worte.

Wichtigste Voraussetzung für ein erfolgreiches Training ist eine gute Wahrnehmung des eigenen Körpers. Denn genauso wenig, wie es möglich ist, einen nicht bewussten kleinen Sprachfehler zu korrigieren, können Sie an Ihrer Körpersprache arbeiten, wenn Sie gar nicht wissen, an welcher Stelle Verbesserungsbedarf besteht.

Zugegeben, sich selbst objektiv zu beobachten und richtig wahrzunehmen, ist alles andere als einfach. In einem ersten Schritt geht es also darum, sich die eigene Körpersprache bewusst zu machen. Dieses Bewusstmachen kann schon einiges bewirken. Sobald Sie Ihre individuelle Körpersprache kennen, können Sie auch gezielt daran arbeiten. Wichtig dabei: Üben Sie einen wertfreien und vor allem entspannten Umgang mit sich selbst!

So kommen Sie ins Gleichgewicht

Streben Sie an, in Ihrer »eigenen Mitte« zu sein. Das ist gerade in außergewöhnlichen Situationen wie einem Vorstellungsgespräch die beste Basis für einen gewinnenden Eindruck. Durch eine intensivere Körperwahrnehmung erreichen Sie eine gute Balance aus körperlicher Spannung und Entspannung. Für sich genommen ist weder das eine noch das andere in ausgeprägter Form erstrebenswert. Eine permanente psychische Anspannung wirkt sich direkt auf den Körper aus und führt beispielsweise zu Blockaden oder Verspannungen. Sind Sie dagegen grundsätzlich zu entspannt – anders gesagt: lassen Sie sich in der Regel eher hängen –, wirkt auch das auf Ihre innere Einstellung. Sie werden phlegmatischer und es fehlt Ihnen zunehmend an Power und Engagement. Sie sollten sowohl das eine als auch das andere vermeiden.

Um den Körper intensiver wahrzunehmen und eine angemessene Körperspannung zu erreichen, helfen zwei einfache Übungen für den Alltag. Mit der ersten Übung finden Sie mühelos Ihre Körpermitte:

◆ Nehmen Sie eine bequeme, aber nicht zu lässige Haltung ein. Verteilen Sie das Gewicht gleichmäßig auf beide Beine in Hüftbreite und gehen Sie leicht in die Knie.
◆ Konzentrieren Sie sich auf Ihre Haltung. Schließen Sie die Augen, beobachten Sie sich von innen heraus. Gewinnen Sie bewusst an Bodenhaftung, spüren Sie Ihren Standpunkt.
◆ Achten Sie auf die folgenden einzelnen Körperregionen und deren jeweilige Position: Becken, Wirbelsäule, Schultern, Arme und Kopf. Überprüfen Sie Ihre Haltung immer wieder. Nehmen Sie sie jedoch nur wahr, ohne sie zu bewerten.
◆ Atmen Sie bewusst, ruhig und gleichmäßig ein und aus.
◆ Pendeln Sie nun leicht von rechts nach links [Bilder Nr. 21] und vor und zurück [Bilder Nr. 22], ohne den Platz zu verlassen. Versuchen Sie, Ihr eigenes Zentrum zu erspüren.

Sobald Sie Ihre Körpermitte gefunden haben, können Sie bei der zweiten Übung an sich selbst wachsen – im wahrsten Sinne des Wortes:

◆ Stehen Sie aufrecht, die Beine hüftbreit. Atmen Sie bewusst, ruhig und gleichmäßig ein und aus.
◆ Lassen Sie nun die Schultern nach unten fallen. Ihr Halsbereich

Die Körpermitte finden: erst in aufrechter Haltung von rechts nach links pendeln ...

22

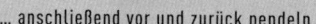

... anschließend vor und zurück pendeln.

sollte vollkommen frei sein. Stellen Sie sich vor, wie Sie an einem unsichtbaren Faden am Kopf senkrecht nach oben gezogen werden.

◆ Wachsen Sie nach und nach in die Höhe, während die Schultern in Richtung Boden streben. Wichtig: Verkrampfen Sie nicht. Atmen Sie weiter ruhig ein und aus.

◆ Halten Sie die aufgebaute Position für einige Momente und entspannen Sie bei einer tiefen Ausatmung. Spüren Sie, wie Ihre natürliche Körperspannung zurückkommt und wie diese Übung Sie aufrichtet – auch mental?

Die selbstbewusste Haltung

Stellen Sie sich hüftbreit fest auf beide Beine. Der Kopf ist gerade – balancieren Sie eine imaginäre Krone auf dem Kopf. Lassen Sie Ihre Arme fallen und ballen Sie Ihre Hände zu Fäusten, die Daumen zeigen nach vorne. Wenn Sie jetzt die Daumen zur Seite drehen, während Sie Ihre Arme hängen lassen, aktivieren Sie automatisch die Rückenmuskulatur, und Ihre Brust hebt sich an. So wirken Sie locker und dennoch selbstbewusst. Gewöhnen Sie sich systematisch an diese Haltung. Ob Sie wirklich selbstbewusst und aufrecht stehen, kontrollieren Sie, indem Sie sich so an die Wand stellen, dass Rücken und Kopf diese berühren.

Übung macht den Bewerbungsmeister

Nicht nur für Bewerbungsgespräche gilt: Je schlechter die Vorbereitung, desto größer die Unsicherheit. Und je unsicherer Sie sind, desto geringer ist Ihre Überzeugungskraft. Deshalb sollten Sie sich auf klassische Situationen einstellen und sie möglichst oft durchspielen. Sie können bei einem Bewerbungsgespräch relativ sicher davon ausgehen, dass zu eventuellen Lücken oder Brüchen in Ihrer Vita Nachfragen auftauchen. Diese sollten Sie schlüssig und ohne langes Nachdenken beantworten können.

Fragen nach den persönlichen Stärken und Schwächen werden bei neun von zehn Vorstellungsgesprächen gestellt. Auch darauf können Sie sich bestens vorbereiten – das gilt sowohl für die verbalen Antworten als auch für die nonverbalen Signale. Je besser Sie sich mental auf das bevorstehende Gespräch einstellen, desto mehr Souveränität werden Sie im entscheidenden Moment ausstrahlen. Mithilfe Ihres »Kopfkinos« können Sie sich diese Sicherheit Schritt für Schritt erarbeiten.

Ihr Drehbuch für das Bewerbungsgespräch beinhaltet folgende Szenen:

- ◆ Stellen Sie sich vor, wie das Gespräch ablaufen könnte. Welche Fragen könnte Ihr Gegenüber stellen? Was würden Sie darauf antworten? Wie sähe Ihre jeweilige Körpersprache aus?
- ◆ Machen Sie sich eine Liste, welche Kernbotschaften Sie Ihrem Gesprächspartner unbedingt vermitteln wollen.
- ◆ Üben Sie Ihren Part vor dem Spiegel und beurteilen Sie sich danach selbst.
- ◆ Trainieren Sie gezielt Ihre nonverbalen Signale so lange, bis Ihnen eine optimale Sitzhaltung, angemessene Gesten und eine entspannte Mimik in Fleisch und Blut übergegangen sind.
- ◆ Testen Sie unterschiedliche Gesten und Mimik und deren Wirkung, um ein Gefühl für die Bedeutung Ihrer Körpersprache in einer so wichtigen Situation zu bekommen.
- ◆ Lernen Sie von den Profis. Achten Sie genau auf die Körpersprache von Politikern oder Schauspielern und finden Sie heraus, was besonders sympathisch, überzeugend und souverän wirkt.
- ◆ Wenn Sie sich sicherer fühlen, üben Sie auch mit Freunden. Tauschen Sie sich vor allem darüber aus, wie bestimmte nonverbale Signale bei Ihrem Gegenüber ankommen und was sie vermitteln.

Kleine feine Sprechübungen

Auch die Stimme und die Art des Sprechens tragen viel zu Ihrer Gesamtwirkung bei. Zwei simple Übungen für eine positive Ausstrahlung: Gegen Nuscheln hilft die Wortkombination SCHWOB – SCHWUB – SCHWAB – SCHWEB – SCHWIB. Sagen Sie diese Wörter in immer schneller werdendem Tempo laut vor sich hin. Zur Aktivierung der Sprechmuskulatur stecken Sie einen Flaschenkorken zwischen Ihre vorderen Schneidezähne; sprechen Sie dann einen beliebigen Text – so deutlich und so stimmgewaltig, wie es Ihnen möglich ist.

Fleißiges Üben macht sich in Form von neu gewonnener Sicherheit bezahlt. Bei allem Eifer sind jedoch auch Trainingspausen wichtig, um die erarbeiteten Fähigkeiten und Erkenntnisse zu festigen. Vor einem Bewerbungsgespräch gönnen Sie sich am besten einen Tag Auszeit, um zur Ruhe zu kommen, sich zu sammeln und Ihre Ziele noch einmal zu visualisieren. Eignen Sie sich nichts Neues mehr an. Sorgen Sie für eine entspannte Atmosphäre und vermeiden Sie jeglichen Last-Minute-Stress. Wenn Sie Ihre To-do-Liste rechtzeitig abgearbeitet haben, können Sie diesen Tag getrost dafür nutzen, Ihr Selbstbewusstsein zu stärken. Rufen Sie sich in Erinnerung, welche Kompetenzen Sie vorzuweisen haben.

Lassen Sie keine negativen Gedanken zu, sondern stimmen Sie sich positiv, erwartungsvoll und freudig auf die kommende Situation ein. Ein Wellnesstag oder ein Sportprogramm, bei dem Sie sich auspowern, könnte Sie ablenken und entspannen. Mit dem Ruhetag erreichen Sie zweierlei: Ihre gerade gewonnene Sicherheit geht nicht wieder verloren (»Meine Übungsphase ist noch nicht abgeschlossen«) und Sie werden den Tunnelblick los, der dadurch entstanden ist, dass Sie sich ausschließlich auf Ihre Wirkung fokussiert haben. Der Abstand zu sich selbst ist nötig, um den Blickwinkel zu erweitern.

Denken Sie daran, dass sich Ihr Bewerbungsgespräch nicht aus vielen einzelnen Details zusammensetzt, sondern als Gesamtsituation zu sehen ist. Das ist vor allem für Ihre Körpersprache wesentlich, denn die wichtigste Grundregel für eine optimale Wirkung lautet, natürlich und authentisch rüberzukommen. Sie sollten sich nicht krampfhaft auf bestimmte Gesten und nonverbale Signale konzentrieren, sondern bewusst auf die eigene überzeugende Körpersprache vertrauen – und diese haben Sie ja inzwischen ausreichend trainiert.

Souveräne Gedanken – souveräne Wirkung

Bei aller Vorbereitung in Sachen Haltung, Gestik und Mimik – und besonders im Hinblick auf eine möglichst authentische Wirkung – sollte eines immer klar sein: Wer seine äußere Wirkung optimieren will, muss gleichzeitig auch an seiner mentalen Einstellung arbeiten. Alles andere wäre eine Selbsttäuschung, die nur eine Diskrepanz zwischen verbalen und nonverbalen Signalen zur Folge hätte.

Wenn Sie es jedoch schaffen, Ihre innere Haltung zu einer bestimmten Situation zu ändern – zum Beispiel, indem Sie sich bewusst machen, dass ein Vorstellungsgespräch keine beängstigende Angelegenheit ist –, verändert sich automatisch auch Ihre Körpersprache. So wird eine klar strukturierte Person nonverbal eher ruhig agieren, während ein interessierter Mensch sich einer sehr wachen und lebendigen Körpersprache bedient. Wer begeistert ist, wird sich auch so zeigen können. Und ein energischer und fordernder Kandidat wird mit einem kraftvollen und raumgreifenden Körperausdruck auftreten.

Auf Ihre Bewerbungssituation angewandt bedeutet das: Gehen Sie entschlossen und mit Vorfreude in das Gespräch. Bereiten Sie sich mental darauf vor, wie Sie erscheinen und wirken wollen. Dann gelingt Ihnen auch ein positiver Auftritt. Zeigen Sie echtes Interesse an der Situation und den beteiligten Personen. Führen Sie sich Ihre Fähigkeiten und Fertigkeiten bewusst vor Augen. Schließlich wirken Sie als Bewerber nur dann souverän, wenn Sie selbst an sich glauben, Lust auf die neue Position haben und sich in der Gesprächssituation wohlfühlen. Dann kommt die wirkungsvolle Körpersprache ganz automatisch.

Viele Details formen die Persönlichkeit

Die Körpersprache besteht aus vielen einzelnen Komponenten, die nur zusammen eine Aussagekraft besitzen. Angefangen von der Körperhaltung reicht das nonverbale Sprachrepertoire über Gesten und Mimik bis hin zum Blickkontakt. All das können Sie für einen positiven Eindruck wirkungsvoll einsetzen.

Der erste Eindruck? Das A und O!

Tagtäglich treffen wir Menschen zum ersten Mal und machen neue Bekanntschaften. Nicht immer sind solche Begegnungen von großer Bedeutung – in einem Vorstellungsgespräch aber schon. In den seltensten Fällen kennen Sie den Chef oder Personalverantwortlichen, der Sie empfängt und der schließlich über Ihr »Schicksal« entscheidet. Und auch diese Person weiß bis zu diesem Moment nur das über Sie, was Sie in Ihren Bewerbungsunterlagen preisgegeben haben.

Was passiert also? Zwei sich völlig fremde Menschen treffen aufeinander und verschaffen sich einen ersten Eindruck – wobei in diesem Fall der Eindruck, den Sie vermitteln, unmittelbar Folgen nach sich zieht. Warum das so ist, weiß jeder aus eigener Erfahrung. Lernen wir jemanden kennen, empfinden wir unbewusst sofort Sympathie oder eben nicht, ohne dass wir das eine oder andere begründen können. Der Kopf trifft diese erste Entscheidung in nur wenigen Sekunden, unter Einsatz aller Sinne. Visuell nehmen wir auf einen Blick Aussehen, Kleidung, Haltung, Gestik und Mimik wahr. Akustisch registrieren wir sofort die Stimme inklusive Aussprache und Dialekt. Und noch ein weiteres wichtiges Sinnesorgan ist beteiligt: die Nase. Die Redewendung »jemanden nicht riechen können« kommt nicht von ungefähr.

All diese Eindrücke, die wir in gerade mal vier Sekunden verarbeiten, führen zu einem ersten Urteil. Dass diese ersten Sekunden die alles entscheidenden sind – wie oft behauptet wird –, ist dennoch etwas übertrieben. Natürlich ist es vorteilhaft, schon auf den ersten Blick punkten zu können. Doch Ihr Gespräch beginnt erst, und Ihnen bieten sich noch einige Chancen, einen sympathischen und kompetenten Eindruck zu vermitteln – auch mithilfe einer optimalen Körpersprache.

Schritt für Schritt überzeugen

Bevor Sie auf Ihre eigentlichen Gesprächspartner treffen, gibt es noch eine kleine Vorstufe, die Sie nicht außer Acht lassen sollten. Zunächst einmal betreten Sie das Gebäude, in dem das Gespräch stattfindet. In diesem Moment hat zum Beispiel die Empfangsdame oder eine Assistentin Gelegenheit, Sie zu mustern. Schon hier beginnt Ihre persönliche Performance, die überzeugen soll. Wie gehen Sie also vor? Nehmen Sie

23

Mit einer aufrechten Haltung strahlen Sie Selbstbewusstsein aus.

24

Das genaue Gegenteil: Mit nach vorne fallenden Schultern und Blick nach unten wirken Sie unsicher.

eine aufrechte, aber entspannte Haltung ein, frei nach dem Motto: Kopf hoch, Bauch rein, Brust raus [Bild Nr. 23]. Allerdings sollten Sie dabei nicht militärisch oder steif wirken. Betreten Sie lächelnd und mit festen Schritten das Unternehmen und später den Raum. Nach vorne fallende Schultern und ein zu Boden gerichteter Blick sind Zeichen für mangelndes Selbstbewusstsein [Bild Nr. 24].

Handfeste Argumente für Ihren Erfolg

Ihrem »Auftritt« folgt die nächste entscheidende Etappe: die Begrüßung. Mit Ihrem Händedruck vermitteln Sie sehr viel mehr Signale, als Ihnen und womöglich auch Ihrem Gegenüber bewusst ist – umso mehr sollten Sie hier einige wichtige Regeln befolgen: Warten Sie immer, bis Ihnen die Hand gereicht wird – laut Knigge läutet der Hochrangigere, in diesem Fall Ihr potenzieller neuer Arbeitgeber, die Begrüßung ein.

Sollten Sie im Sitzen warten, stehen Sie rechtzeitig auf, wenn der Personalchef auf Sie zukommt. Der Händedruck ist maßgeblich für den weiteren Verlauf des Gesprächs. Es ist Ihr erster körperlicher Kontakt mit dem Gegenüber. Sie sollten bereits bei der Begrüßung entschlossen und zielstrebig, aber nicht rücksichtslos oder langweilig erscheinen. Eine US-amerikanische Studie ergab, dass ein Bewerber mit einem kurzen, festen Händedruck größere Erfolgschancen hat als ein zu schwacher oder zu starker Händeschüttler. Wenn Sie die folgenden Regeln einhalten, ist Ihr Handschlag optimal:

- Fassen Sie die gesamte Hand Ihres Gesprächspartners [Bild Nr. 25]. Je größer die Berührungsfläche, desto selbstsicherer und freundlicher wirkt die Begrüßung. Die Bewegung sollte bedacht flüssig sein. Zu große Dynamik wirkt schnell hektisch oder gar bedrohlich. Bei nicht ganz geschlossener Hand wirkt der Handschlag lasch [Bild Nr. 26]. Ein Hohlraum zwischen den Handinnenflächen bedeutet: »Ich bin noch vorsichtig und möchte nicht alles preisgeben.«
- Halten Sie die sogenannte Intimdistanz zum Gesprächspartner ein. Als Faustregel für einen angemessenen Abstand zwischen zwei Personen gelten etwa 50 Zentimeter, der ausgestreckte Arm oder

Bei einem richtigen Händedruck fassen Sie die gesamte Hand.

Ein lascher Händedruck wirkt nicht positiv.

ein 90-Grad-Winkel von Ober- und Unterarm. Eine geringere Entfernung wird als unangenehm empfunden. Eine zu große Distanz signalisiert: »Ich halte dich lieber auf Abstand.«

- Feuchte Hände sind unangenehm – für beide Seiten. Ein Taschentuch in der Hosen- oder Jackentasche ermöglicht es Ihnen, die Hände kurz vor der Begrüßung unauffällig zu trocknen.
- Auch die Körperhaltung ist ein wichtiger Faktor bei der richtigen Begrüßung. Also nicht zu weit nach vorne neigen, denn jede noch so leicht gebückte Haltung wirkt unterwürfig.
- Vermeiden Sie auf jeden Fall eine »Handkuss-Haltung«, bei der Sie das Handgelenk abknicken und mit den Fingern nach unten zeigen. Damit verwehren Sie Ihrem Gesprächspartner auch, Ihre Hand richtig zu fassen.

Der Händedruck – eine Visitenkarte

Der Händedruck hat eine große Aussagekraft. Was genau lässt sich daraus schließen?

- Ein fester Händedruck deutet auf einen ebenso festen, selbstsicheren und zielstrebigen Charakter hin.
- Ein lascher Händedruck, bei dem die Finger nicht gestreckt werden und die andere Hand nicht richtig ergriffen wird, lässt dagegen auf einen unsicheren Menschen schließen.
- Setzt jemand zur Begrüßung seine ganze Hand ein, sodass die Hände tief ineinandergreifen, signalisiert er: »Ich bin für alles offen.« Dieser Mensch zeigt vollen Einsatz.
- Wer beim Händeschütteln einen Hohlraum zwischen den Handinnenflächen formt, ist zwar offen, hält sich jedoch zunächst bedeckt.
- Auch jemand, der Ihnen eine »steife« Hand zur Begrüßung reicht, möchte auf Distanz bleiben.
- Wer Ihnen nur ein paar Finger entgegenstreckt, ist körperlich zwar anwesend, aber emotional nicht beteiligt.
- Bestimmend wirkt jemand, der mit seiner freien Hand Ihren Unterarm greift. Er will Sie führen.
- Etwas anderes will ausdrücken, wer seine freie Hand auf die Oberseite Ihrer »Begrüßungshand« legt. Diese emotionale Geste kann als sehr wertschätzend verstanden werden; aber Achtung: Politiker spielen es häufig.

◆ Nicht zu verwechseln ist dieser Händedruck mit der sogenannten Gebrauchtwagenhändler-Attitüde, bei der die entgegengestreckte Hand seitlich mit beiden Händen ergriffen wird. Auf diese Weise soll eine scheinbare Vertrautheit erzeugt werden, was nicht immer angebracht ist.

Bleiben Sie souverän

Die ersten Minuten eines Vorstellungsgesprächs tragen wesentlich zum Gesamteindruck eines Bewerbers bei. Doch gerade während dieses Auftakts, wenn das fachliche Gespräch noch nicht begonnen hat, fühlen sich Jobanwärter am unsichersten. Die gesamte Situation, der Gesprächspartner und die Umgebung sind für ihn unbekannt. Man weiß oft nicht, wie man sich verhalten soll.

Doch gerade das Verhalten in dieser Übergangsphase sagt viel über eine Person aus und wird vom potenziellen künftigen Arbeitgeber meist genau registriert. Deshalb sollten Sie in diesen Minuten einen selbstsicheren und souveränen Eindruck machen und nicht ängstlich wirken. Körperliche Verkrampfungen interpretiert nicht nur Ihr Gesprächspartner als Überforderung, Unsicherheit oder gar Inkompetenz. Auch Ihr eigenes Gehirn erhält Stresssignale, wenn Sie sich beidhändig am Stuhl festhalten und dazu noch mit Ihren Beinen die Stuhlbeine umklammern. Nur logisch, dass sich Ihre Unsicherheit wie eine Spirale nach oben dreht. Deshalb ist es ratsam, sich die unerwünschten Signale Ihres Körpers bewusst zu machen und ihnen gezielt entgegenzusteuern.

Signale, die Sie vermeiden sollten

Unsicherheitsreflexe können sich in Haltung, Gestik und Mimik ausdrücken. Sie verraten Nervosität – im schlimmsten Fall stecken Sie sogar Ihren Gesprächspartner damit an. Wer es schafft, solche Zeichen von Unsicherheit in den ersten Minuten eines Bewerbungstermins zu vermeiden, wird sich zwangsläufig selbst beruhigen und entspannter dem weiteren Verlauf des Gesprächs folgen. Ein bisschen Lampenfieber gehört jedoch dazu. Es ist ein gutes Aufputschmittel und wird von Per-

27

Ineinander verknotete Finger wirken verschlossen.

28

Wer sich unsicher fühlt, tendiert dazu, die Schultern hochzuziehen.

sonalchefs als völlig normal angesehen. Entscheidend ist nur, dass Ihre Aufregung nicht die Oberhand gewinnt und das gesamte Gespräch prägt.

Zum Körpersprache-Wortschatz, der auf mangelndes Selbstbewusstsein schließen lässt und den Sie daher besser vermeiden sollten, gehören folgende Verhaltensweisen:

- Bei der Begrüßung zurückweichen
- Den Oberkörper vom Gesprächspartner abwenden
- Eine zu große Distanz aufbauen
- Sich permanent am Kopf oder im Halsbereich berühren
- Den Kopf nach unten neigen
- Unruhig mit dem Bein wippen
- Mit den Füßen die Stuhlbeine umschlingen
- Im Stehen unruhig herumzappeln oder im Sitzen auf dem Stuhl herumrutschen
- Die Stuhllehne oder den eigenen Körper mit den Armen umklammern

- Ständig die Brille hochschieben
- An den Haaren drehen oder den Schmuck zurechtrücken
- Mit den Armen herumfuchteln
- Hände hinter dem Rücken verstecken
- Die Hände vor der Brust falten
- Nervös mit den Fingern spielen oder auf dem Tisch trommeln
- Finger ineinander verknoten [Bild Nr. 27]
- Schultergürtel nach oben ziehen, um den verwundbaren Bereich zu schützen [Bild Nr. 28]

Machen Sie sich zum Favoriten

Haben Sie die erste Hürde mit der Begrüßung und dem Small Talk geschafft, beginnt der entscheidende Part des Gesprächs, in dem Sie sich bestmöglich verkaufen wollen. Das geschieht sowohl durch das, was Sie sagen, als auch durch die Art und Weise, wie Sie sich präsentieren. Alles, was Sie nonverbal kommunizieren, fließt in die Gesamtbeurteilung mit ein und entscheidet bei Ihrem Gesprächspartner über Sympathie oder Antipathie – also Daumen rauf oder Daumen runter.

Diese erste Einschätzung können Sie beeinflussen. Sorgen Sie dafür, dass die Selbst- und die Fremdwahrnehmung Ihrer Körpersprache möglichst deckungsgleich sind. Das bedeutet: Je besser Sie Ihre Körpersprache einordnen und einschätzen können, desto eher können Sie darauf Einfluss nehmen und haben somit Ihre Wirkung zu einem erheblichen Teil selbst in der Hand. Sobald Ihre nonverbalen und verbalen Aussagen völlig übereinstimmen, wirken Sie glaubwürdig. Zusätzlich können Sie die Bedeutung dessen, was Sie sagen, mit Ihrer Körpersprache bewusst steuern.

Authentisch wirken ist Trumpf

Ihre Performance sollte möglichst stimmig sein. Zeigen Sie Ihre Schokoladenseiten und vertrauen Sie in erster Linie auf Ihre intuitive nonverbale Kommunikation, die Sie je nach Situation optimieren können. Der Faktor Ehrlichkeit spielt – nicht nur im Vorstellungsgespräch – eine wichtige Rolle. Es bringt Sie keinen Schritt weiter, wenn Sie sich mit nicht vorhandenen Kompetenzen und Fähigkeiten schmücken. Sobald Sie es mit der Ehrlichkeit nicht mehr genau nehmen, wirken Sie auch nicht mehr authentisch und verlieren sämtliche Sympathiepunkte, die Sie bis dahin schon gesammelt haben.

Auch mit einer aufgesetzten, übertriebenen Körpersprache können Sie kaum gewinnen. Wer beispielsweise krampfhaft zu jeder Aussage eine bildhafte Geste zu machen versucht, wirkt eher skurril als kompetent. Eine solche »Schauspielerei« wird Ihr Gesprächspartner sofort intuitiv durchschauen. Jedes körpersprachliche Signal ist sozusagen ein sichtbar gewordener Gedanke oder Gemütszustand. Unsere Gesten und unsere Mimik folgen unserer inneren Haltung. Den Erfolg eines Vorstellungsgesprächs bestimmt daher vorwiegend unsere mentale Einstellung, mit der wir überzeugen müssen. Und diese beeinflusst auch die Körpersprache.

Emotionen leiten uns – und auch andere. Insofern sind Ihre Gefühle ein wichtiger Teil des Überzeugungsprozesses. Schöpfen Sie sämtliche Möglichkeiten aus, um im Rahmen Ihrer Körpersprache Emotionen aufscheinen zu lassen. Das ist effektiver als jedes Wort! Lassen Sie Ihre Augen sprechen, zeigen Sie in Ihrem Gesicht die Begeisterung für das Unternehmen und den Enthusiasmus für den Job! Voraussetzung ist natürlich, dass beides vorhanden ist. Wenn Sie nicht wirklich Interesse an einem bestimmten Job haben und entsprechend positiv eingestellt sind, werden Sie es auch nicht schaffen, Begeisterung zu signalisieren.

Was Personalentscheider gerne wissen möchten

Damit Sie sich auch verbal optimal präsentieren, sollten Sie auf gängige Fragen vorbereitet sein. Üben Sie Ihre Antworten laut – und mit einer guten Performance.

- ◆ Allgemeine Fragen: Warum möchten Sie diesen Job haben?
  Wie stellen Sie sich die Arbeit vor? Warum sollen wir Sie für diese Position auswählen? Was sind Ihre Stärken, was Ihre Schwächen?
  Welche Ziele möchten Sie in fünf oder zehn Jahren erreicht haben?
- ◆ Fragen zum beruflichen Werdegang: Wie oft / warum haben Sie den Arbeitsplatz gewechselt? Wie ist Ihr Verhältnis zu Vorgesetzten und Kollegen? An welchen Weiterbildungen haben Sie teilgenommen?
  Was haben Sie aus früheren Jobs gelernt?

- Fragen zur Arbeitseinstellung und Motivation: Worauf legen Sie persönlich Wert? Was war Ihr größter beruflicher Erfolg? Können Sie mit Stress umgehen? Wenn ja, wie bewältigen Sie ihn? Sind Sie ein Teamplayer? Was bedeutet Erfolg für Sie?

Nutzen Sie den Augenblick

Wie heißt es so schön: »Blicke sagen mehr als tausend Worte.« Das stimmt – und wird im Berufsalltag dennoch oft unterschätzt. Ein gelungener Blickkontakt kann in Sekundenschnelle das Eis zwischen zwei Menschen brechen und ein Gespräch positiv beeinflussen. Wichtigste Regel: Stellen Sie gleich am Anfang zu den anwesenden Personen (insbesondere zum zukünftigen Chef) bewusst Blickkontakt her und geben Sie auf diese Weise auch ohne Worte der Situation die angemessene Bedeutung. Von Auge zu Auge signalisieren Sie Interesse, Offenheit und Gesprächsbereitschaft. Nur so können auch Ihre verbalen Argumente und Inhalte wirken. Oder könnte Sie jemand, der ständig nach unten schaut, mit seinen Worten überzeugen?

Halten Sie auch im Gespräch den Kontakt mit den Augen. Schweifen Sie mit Ihrem Blick nicht ab. Das könnte leicht als Unsicherheit oder Unaufmerksamkeit interpretiert werden. Wer ständig an seinen Gesprächspartnern vorbeischaut oder mit dem Blick suchend im Zimmer umherirrt, verspielt ebenfalls seine Chancen. Ein konstanter Blickkontakt bezeugt dagegen Aufmerksamkeit und Konzentration. Und: Auf diese Weise können auch Sie die Situation kontrollieren, denn Ihnen wird beim Verhalten der anderen kaum etwas entgehen.

Doch was tun, wenn mehrere Personen beim Gespräch anwesend sind? Konzentrieren Sie sich immer auf die wichtigste Person – den Chef oder den Personalleiter – und halten Sie vorwiegend mit ihr Blickkontakt. Zu den anderen beteiligten Personen blicken Sie zwischendurch, jedoch ohne den Blick hektisch hin und her schweifen zu lassen. Wechselt der Dialogpartner, dann wenden Sie sich natürlich bevorzugt dem Sprecher zu.

Erzeugen Sie Präsenz, indem Sie einen Gedanken lang Ihr Gegenüber anblicken. Wie lang ist aber ein Gedanke? Studien haben herausgefunden, dass sich eine Person nach drei Sekunden Blickkontakt wahrgenommen fühlt und nach vier Sekunden die Sympathiewerte steigen. Nun können Sie aber die Zeit nicht stoppen. Es gibt einen Trick: Finden Sie die Augenfarbe Ihres Gegenübers heraus. Das ist genau die optimale Zeitspanne.

Blicke können auch töten

◆ Starren Sie Ihren Gesprächspartner nicht an. Ein ununterbrochener Blickkontakt wird häufig als unangenehm empfunden und kann sogar Aggressionen hervorrufen. Ein Tipp: Sie können den Blick zwischendurch kurz abwenden, während Sie einen neuen Gedanken fassen.

◆ Spricht der Personalentscheider, dann schauen Sie ihn an. Sprechen Sie, dann blicken Sie auch zwischendurch mal weg, um leichter einen neuen Gedanken zu fassen.

◆ Gleiche Augenhöhe ist von Vorteil, damit niemand nach oben oder nach unten blicken muss. Notfalls können Sie die Sitz- beziehungsweise Standposition korrigieren.

◆ Achten Sie auf Blicksignale des Gesprächspartners, damit Sie wahrnehmen, wenn Sie zu einer Antwort aufgefordert werden.

◆ Wechseln Sie nicht ständig zwischen den Augen Ihres Gesprächs- partners, das wirkt hektisch. Schauen Sie bewusst nur in ein Auge oder noch besser: Fokussieren Sie den Nasenrücken.

Finden Sie Ihren (Sitz-)Platz

Ein Vorstellungsgespräch findet immer im Sitzen statt – die nächste Herausforderung für die Körpersprache. Wie sitzt man richtig? Doch bevor es dazu kommt: Setzen Sie sich erst, wenn Sie dazu aufgefordert werden beziehungsweise nachdem Ihr Gesprächspartner sich gesetzt hat.

So sitzen Sie richtig

Sie haben die optimale Sitzhaltung, wenn Sie mit gestrecktem Rücken möglichst gerade sitzen und beide Füße auf dem Boden abstellen – und sich damit sozusagen »erden« [Bild Nr. 29]. Sie können sich mit dem Rücken anlehnen, aber nicht in den Stuhl lümmeln [Bild Nr. 30]. Achten Sie außerdem auf folgende Punkte:

So sieht Souveränität aus: gerade Sitzhaltung und beide Beine fest auf dem Boden.

Wer sich in den Stuhl lümmelt, wirkt gleichgültig.

- ◆ Nutzen Sie die gesamte Sitzfläche des Stuhls, um eine sichere und stabile Position einzunehmen.
- ◆ Ändern Sie von Zeit zu Zeit Ihre Sitzposition, um Anspannung abzubauen und nicht zu statisch zu wirken.
- ◆ Beugen Sie sich auch einmal nach vorne und platzieren Sie Ihre Handgelenke locker auf dem Tisch, um Interesse zu zeigen.
- ◆ Legen Sie Ihre Arme und Hände locker auf den Armlehnen oder Ihren Oberschenkeln ab, wenn Sie sie gerade nicht einsetzen.

So sitzen Sie falsch

Ihre Konzentration auf das Gespräch und Ihre Selbstsicherheit sollen auch im Sitzen zu sehen sein. Sitzen Sie deshalb nicht

- ◆ mit zu Fäusten geballten Händen,
- ◆ mit hängenden Schultern und krummem Rücken,

Gespreizte Beine wirken nicht besonders lässig.

Gekreuzte Beine weisen auf Unsicherheit hin.

Wer auf der Vorderkante sitzt, wirkt so, als sei er auf dem Sprung.

- so steif und verkrampft, als hätten Sie gerade einen Besen verschluckt,
- mit auf den Oberschenkeln aufgestützten Ellbogen,
- mit verschränkten Fingern oder Armen,
- mit gekreuzten Beinen, [Bild Nr. 31]
- mit gespreizten Beinen (gilt auch für Männer), [Bild Nr. 32]
- auf der Vorderkante des Stuhls, als wären Sie auf dem Sprung, [Bild Nr. 33]
- unruhig im Stuhl, indem Sie hin und her wippen.

Sammeln Sie weitere Sympathiepunkte

Sie haben eine gute Sitzposition gefunden und achten auf einen aktiven Blickkontakt während des Gesprächs. Nun fehlt noch der gekonnte Einsatz von Gestik und Mimik. Dafür muss das optimale Maß gefunden werden. Zu wenige Gesten lassen Sie statisch oder phlegmatisch wirken. Fuchteln Sie jedoch hektisch mit den Armen und Händen herum, zeugt das ebenso wenig von Kompetenz und Souveränität.

Auch der Radius Ihrer Gestik muss der Situation angemessen sein. Im Sitzen fallen Gesten automatisch weniger ausladend aus. Andererseits sollten Ihre Arm- und Handbewegungen auch nicht zu minimalistisch sein, damit Ihre selbstbewusste Wirkung nicht schrumpft. Das Gleiche gilt für die Mimik. Ein »eingefrorener« Gesichtsausdruck bringt Ihnen sicher keine Sympathiepunkte, weil Sie sich damit emotionslos und passiv präsentieren. Spielen Sie allerdings Ihr gesamtes mimisches Repertoire bis hin zu Grimassen aus, besteht die Gefahr, dass Sie nicht ganz ernst genommen werden.

So punkten Sie

Um das das Optimum Ihrer nonverbalen Aussagen zu erreichen, sollten Sie sich an einige einfache Regeln halten:

- Idealerweise kommen die sogenannten sensiblen Körperteile zum Einsatz, also Gesicht, Oberkörper, Handinnenflächen und Arminnenseiten. Wer seinem Gegenüber diese Körperpartien zuwendet, schafft Vertrauen. Wer hingegen wortwörtlich die kalte Schulter zeigt, erreicht das Gegenteil. Zu den sogenannten

Armbewegungen sollten in Höhe des Oberkörpers ausgeführt werden.

Vermeiden Sie »wegwerfende« Handbewegungen.

unsensibleren Körperteilen zählen neben der Schulter auch der Hinterkopf, die Armaußenseiten und der Rücken – diese sollten dem Gesprächspartner nicht zugewandt werden.

◆ Ein Grundsatz für eine gute Gestik lautet: Armbewegungen oberhalb der Taille wirken positiv [Bild Nr. 34], unterhalb der Taille ist die Wirkung eher negativ. Da bei einem Gespräch im Sitzen Gesten lediglich im oberen Körperbereich verlaufen, sollten Sie besonders darauf achten, diese von unten nach oben auszuführen und nicht umgekehrt. Vermeiden Sie unbedingt »wegwerfende« [Bild Nr. 35] oder »abweisende« Gesten und halten Sie Ihre Hände mit den Innenflächen und nicht mit den Handrücken nach oben.

◆ Wenn Sie eine stärkere Verbindung zu Ihrem Gesprächspartner herstellen wollen, nähern Sie sich im wahrsten Sinne des Wortes an, indem Sie leicht den Oberkörper nach vorne neigen.

◆ Seien Sie sparsam mit »dramatischen« Gesten und Hand-Gesicht-Gesten. Natürlich kann jemand, der sich im Vorstellungsgespräch mit der Hand über das Kinn streicht, nachdenklich und selbst-

36

Nervöses Zupfen am Ohrläppchen lässt Sie nervös wirken.

37

Wer sich bei heiklen Fragen auf die Unterlippe beißt, möchte etwas verbergen.

sicher wirken. Generell sollten Sie Ihre Hände aber lieber von Ihrem Gesicht fernhalten und sie stattdessen gezielt und bewusst einsetzen.

◆ »Bedrohliche« Gesten, deren Wirkung uns im Alltag oft gar nicht bewusst ist, wie beispielsweise eine geballte Faust oder ein ausgestreckter Zeigefinger, sind absolut tabu.

◆ Vermeiden Sie, mit einem Stift oder etwas Ähnlichem zu spielen oder gar damit auf Ihr Gegenüber zu zeigen.

Auch bei heiklen Fragen glaubwürdig bleiben

Es kann durchaus vorkommen, dass in einem Vorstellungsgespräch heikle und unerwartete Fragen auftauchen. Darauf reagieren wir meist unbewusst mit Stressausdrücken und Verlegenheitsgesten. Das kann ein Zupfen am Ohrläppchen sein [Bild Nr. 36], nervöses Herumspielen am Schmuck, Zurückwerfen der Haare oder Kratzen am Hinterkopf oder an der Nase. Auch das hastige Abnehmen der Brille verrät eine gewisse Erregung. Und wer bei einer unbequemen Frage einen oder mehrere Finger auf die Lippen legt oder sich auf die Unterlippe beißt [Bild Nr. 37], zeigt dem Gegenüber deutlich, dass er etwas verbergen möchte.

Obwohl Sie solche unbewussten Reaktionen kaum komplett unterdrücken können, sollten Sie versuchen, allzu offensichtliche verräterische Gesten zu vermeiden. Bleiben Sie also auch bei heiklen Fragen möglichst gelassen und souverän, um nicht unglaubwürdig zu wirken.

Ein Extratipp für Frauen

»Mädchengesten« sind in einem Vorstellungsgespräch unangebracht. Dazu gehören ein leicht schief gelegter Kopf, der Schmollmund, permanent angehobene Augenbrauen, andauerndes Lächeln und das Gestikulieren aus dem Ellbogen. Damit wirken Sie alles andere als souverän und kompetent.

Das Gesicht spricht

An Ihrem Gesicht lässt sich vieles ablesen. So öffnen Menschen beispielsweise den Mund oder heben die Augenbrauen, wenn sie erstaunt sind. Wenn sich jemand in einem Moment überlegen fühlt, wird er automatisch den Kopf leicht anheben [Bild Nr. 38]. Ein Bewerber, der durch eine Frage in Verlegenheit gebracht wurde, wird mit einer Geste das Gesicht »verdecken«. Und wer deutlich die Lippen zusammenpresst, hält in vielen Fällen etwas zurück.

Unsere Mimik ist jener Part der Körpersprache, den wir am wenigsten beeinflussen können. Und sie ist wichtig: Mimische Signale spielen sowohl beim Sprechen als auch beim Zuhören eine wichtige Rolle. Nur mimisch können wir nonverbal Interesse an dem, was wir hören, zum Ausdruck bringen. Und das sollten Sie bei einem Vorstellungsgespräch auch aktiv tun. Reagieren Sie mit Ihrem Gesichtsausdruck auf die Erläuterungen Ihres Gegenübers – ganz egal, wie interessant sie tatsächlich sind oder wie oft sie bereits wiederholt wurden. Ein lebloses Pokerface bringt Sie bei einem Vorstellungsgespräch ganz gewiss nicht nach vorn.

Wenn sich jemand überlegen fühlt, hebt er gerne den Kopf leicht an.

Die Augen lächeln bei einem echten Lächeln mit.

Krampfhaftes Dauergrinsen wirkt unnatürlich.

Ein Lächeln wirkt Wunder

Ein Lächeln dagegen funktioniert immer. Vorausgesetzt, es ist echt und offen und Sie ziehen nicht nur die Mundwinkel nach oben. Bei einem freundlichen und sympathischen Gesichtsausdruck lächeln auch die Augen mit [Bild Nr. 39]. Das bedeutet jedoch nicht, dass Sie ein Gespräch mit einem krampfhaften Dauergrinsen [Bild Nr. 40] bestreiten sollen. Ihre Mimik sollte nicht einer Maske ähneln, sondern einen natürlichen Eindruck vermitteln und Sie dynamisch und engagiert wirken lassen.

Nicht unbedeutend: die Stimme

Die Bedeutung der Stimme wird gern unterschätzt. Merken Sie sich: Einer tieferen sonoren Stimme wird mehr Kompetenz zugeschrieben. Sie sollten möglichst nicht stocken oder gar stottern, sondern ruhig und klar sprechen. Nuscheln Sie nicht und brummeln Sie nicht in sich hinein. Setzen Sie gezielt Pausen ein, um zwischendurch Luft zu holen und zu reflektieren, was gesprochen wurde. Entscheidend ist die richtige Balance von Tempo und Klang. Zu langsam und zu monoton ist nicht nur langweilig, sondern ebenso unvorteilhaft wie zu schnell und ständig wechselnd zwischen hoch und tief.

Telefonstimme und Körperhaltung

Oft wird vor dem persönlichen Vorstellungsgespräch ein Telefoninterview geführt. Dabei ist Ihre Stimme besonders wichtig, denn der Personalentscheider am anderen Ende der Leitung kann nichts anderes von Ihnen wahrnehmen. Ihre Körperhaltung spielt auch in diesem Moment eine große Rolle, denn sie wirkt sich direkt auf die Stimme aus. Lümmeln Sie während des Telefonats auf dem Sofa herum oder sind nebenbei noch mit anderen Dingen beschäftigt, wird Ihr Gesprächspartner das merken.

Achten Sie also auch am Telefon auf die richtige Körperspannung und konzentrieren Sie sich uneingeschränkt auf das Gespräch. Lächeln Sie, denn dadurch wirkt Ihre Stimme freundlicher. Antworten Sie in einer tiefen Stimmlage. Und lassen Sie Ihren Gesprächspartner immer ausreden!

Behalten Sie die Kontrolle

Vergessen Sie nicht: Jedes körpersprachliche Signal ist ein sichtbar gewordener Gedanke oder Gemütszustand. Wenn das Vorstellungsgespräch nun in vollem Gange ist und Sie mit den besprochenen Inhalten und Fragen beschäftigt sind, kann es leicht passieren, dass Sie Ihre Körpersprache unbewusst vernachlässigen. Nutzen Sie deshalb Gesprächsphasen, in denen Sie nicht direkt gefordert sind – beispielsweise, wenn Ihr Gesprächspartner Sie über das Unternehmen informiert –, um immer wieder Ihre Haltung, Gestik und Mimik zu überprüfen und gegebenenfalls zu korrigieren.

Prägen Sie sich dafür eine kleine Checkliste ein:

◆ Halten Sie aktiven Blickkontakt?
◆ Sitzen Sie aufrecht und haben Sie die richtige Körperspannung?
◆ Ist Ihre Stimme angemessen?
◆ Ist Ihr Gesichtsausdruck entspannt und freundlich?
◆ Ist Ihre Gestik passend?
◆ Atmen Sie ruhig?

Noch Fragen?

Obgleich das Vorstellungsgespräch in erster Linie vom Chef oder Personalleiter geführt wird, sollte es doch ein Dialog sein. Sie sollten nicht nur antworten, sondern zu gegebener Zeit auch Fragen stellen, um Ihr Interesse an der zu besetzenden Stelle und dem Unternehmen zu signalisieren und die eigene Motivation zu betonen. Fragen mit Gegenfragen zu erwidern, ist jedoch nicht angebracht. Sollten Sie einmal keine Antwort wissen, erbitten Sie sich etwas Bedenkzeit. Auch das ist ein Zeichen von Selbstsicherheit. Nur wer etwas weiß, kann sein Wissen abrufen – vielleicht erst, nachdem er nachgedacht hat. Es wird Ihnen auch niemand übel nehmen, wenn Sie ehrlich zugeben, dass Sie im Moment auf eine Frage keine Antwort parat haben.

Gute Miene bis zum Schluss

Denken Sie immer daran: Sie verraten während des Gesprächs viel mehr als das, was Sie sagen. Um einen bleibenden positiven Gesamteindruck zu hinterlassen, sollten Sie deshalb bis zum Ende des Gesprächs auch körpersprachlich bei der Sache sein. Bleiben Sie auch dann freundlich und offen, wenn das Gespräch nicht wie erhofft verläuft. Schließlich ist es erst zu Ende, wenn Sie sich verabschiedet haben.

Der richtige Dresscode

Bei einem Vorstellungsgespräch spielt auch das Outfit eine Rolle, denn Stil und Farben der Garderobe beeinflussen das optische Erscheinungsbild in hohem Maß. Ihr Äußeres sollte aussagekräftig sein und weder auf mangelnden Respekt noch auf fehlende Ernsthaftigkeit schließen lassen. Wählen Sie die Kleidung passend zum Beruf, zeigen Sie, dass Sie sich mit den Gepflogenheiten der Branche auskennen, einen guten Geschmack haben und stilsicher sind. Wer sich für einen Posten in der Bank bewirbt, kann auf Anzug und Krawatte oder Kostüm nicht verzichten. Im Einzelhandel wird dagegen eher auf legere, modische Kleidung Wert gelegt.

Bitte keine Maskerade, keine Verkleidung und kein Zubehör, womit Sie aus der (Bewerbungs-)Reihe tanzen und um jeden Preis auffallen wollen. Wichtig ist, dass Sie sich wohlfühlen und Ihr Outfit Ihnen Sicherheit gibt, weil diese sich in Ihrem Auftreten und in Ihrer Körpersprache widerspiegelt. Absolute No-Gos für Frauen sind zu kurze Röcke, zu hohe Schuhe, abgetretene Absätze, T-Shirts oder Sweatshirts mit Aufdruck sowie protziger Schmuck. Männer sollten weder grelle Krawatten noch weiße Tennissocken oder Sportschuhe tragen. Für Frauen und Männer gilt: Gehen Sie mit Düften sparsam um.

Damit Sie Ihrem Traumjob näher kommen

Wenn Sie einen neuen Job anvisieren, liegt der Schlüssel zum Erfolg nicht allein bei dem, was Sie sagen, sondern vor allem in der Art und Weise, wie Sie etwas sagen und wie Sie sich präsentieren. Mit Ihrer Körpersprache setzen Sie Signale – positive, aber auch negative. Lesen Sie hier noch einmal die wichtigsten Dos und Don'ts:

- Reagieren Sie auf das, was Ihr Gegenüber sagt – mit Ihren Blicken und Ihrer Mimik. So signalisieren Sie, dass Sie interessiert zuhören und gut auf andere Menschen eingehen können.
- Beugen Sie den Oberkörper leicht nach vorne und neigen Sie sich zum Gesprächsleiter. Damit bekunden Sie Zustimmung.
- Seien Sie wach und konzentriert und zeigen Sie Begeisterungsfähigkeit. Nicken Sie hin und wieder und streuen Sie gelegentlich positive Gesten ein.
- Lächeln Sie zwischendurch, natürlich an passenden Stellen. Das lockert sowohl Sie selbst als auch die Situation auf.
- Geben Sie sich auch mit Ihrer Stimme selbstbewusst. Sprechen Sie dynamisch und betont, weder zu laut noch zu leise.
- Richten Sie Ihren Blick weder verschämt nach unten noch stoisch auf die Wand. So bauen Sie keine Beziehung zu Ihrem Gesprächspartner auf und machen einen unsicheren oder abwesenden Eindruck.
- Wenn Sie schief im Stuhl hängen oder sich an den Armlehnen festkrallen, signalisieren Sie mangelnde Souveränität und Disziplin oder Angst vor Neuem.
- Wer nur auf der Stuhlkante sitzt, erweckt den Eindruck, er sei auf dem Sprung. Wer allerdings förmlich im Sessel versinkt, lässt sich zu sehr gehen und präsentiert sich damit ebenfalls unprofessionell.
- Sich auf dem Tisch aufzustützen, ist definitiv etwas zu entspannt.

- Die Hände oder Arme vor dem Körper zu verschränken, wird mit Abwehr, Selbstschutz, Verschlossenheit und Unsicherheit gleichgesetzt.
- Selbst wenn Sie etwas, das Ihr Gesprächspartner sagt, anders sehen oder für unsinnig halten, sollten Sie nicht die Stirn runzeln.
- Reiben Sie nicht Ihren Nacken oder den Hinterkopf, auch dann nicht, wenn Sie tatsächlich verspannt sind. Hand-Kopf-Gesten wirken immer negativ.
- Fassen Sie sich nicht an die Nase. Das sieht nicht nur unästhetisch aus. Ihr Gegenüber könnte auch annehmen, dass Sie nicht ganz ehrlich sind.
- Vergessen Sie das Atmen nicht.
- Als Frau erotische Signale zu senden oder auf das Klein-Mädchen-Schema (große Augen, zur Seite geneigter Kopf, Schmollmund, ständiges Lächeln) zu bauen, ist unprofessionell und absolut tabu.
- Männer sollten typische Machoposen – zum Beispiel breitbeinig sitzen oder sich aufplustern – vermeiden, wenn sie nicht albern wirken wollen.

Special: Das perfekte Foto für Bewerbungen und Social-Media-Profile

Sich selbst in ein günstiges Licht zu setzen und sich optimal zu präsentieren ist nicht erst beim Vorstellungsgespräch gefragt. Schon bei der schriftlichen Bewerbung sind Jobinteressenten in Sachen Selbstdarstellung gefordert – besonders beim Bewerbungsfoto. Erwiesenermaßen schmälert ein ungünstiges Foto die Erfolgschancen eines Bewerbers. Laut einer Studie des Berufszentrums Nordrhein-Westfalen werden rund 50 Prozent aller Bewerber schon in der ersten Instanz aufgrund des Bewerbungsfotos aussortiert. Sie sollten also in puncto Foto einige Dinge beherzigen.

Profis ans Werk!
Fotos aus dem Passbildautomaten sind okay für den Bibliotheksausweis, die Bahncard oder den Mitgliedsausweis des Fitnessstudios – aber nie-

mals für die Bewerbungsmappe. Vertrauen Sie hierfür unbedingt auf das Know-how eines professionellen Fotostudios. Hier kann mit verschiedenen Lichteinstellungen, unterschiedlichen Posen und vor allem durch die Möglichkeit der Bildbearbeitung ein perfektes Ergebnis erzielt werden, das Sie vor dem frühen Aussortiert-Werden bewahrt. Ein guter Fotograf setzt Ihre Persönlichkeit ins Bild.

Das Styling

Passendes Styling ist auch beim Fotoshooting angesagt. Die Idee, mit einem außergewöhnlichen Outfit auf dem Bewerbungsfoto aufzufallen und so aus der großen Masse herauszustechen, sollten Sie ganz schnell wieder verwerfen. Schließlich soll nicht Ihre Kleidung, sondern Sie als Person sollen überzeugen. Im Zweifel lieber etwas konservativer, als Sie es gewohnt sind, also klassischer Businesslook. Sind Sie sich unsicher, lassen Sie sich von einer Stylistin beraten. Eine solche Investition ist meist günstiger, als man denkt, und zahlt sich definitiv aus.

Die Frisur

Generell gilt: Sie muss gepflegt aussehen. Dafür ist nicht zwangsläufig der Besuch beim Friseur nötig, es sei denn, Ihre Haarspitzen sind deutlich sichtbar gespalten oder ausgefranst. Falls Sie Ihre Haare tönen, schauen Sie kritisch auf den Haaransatz. Außerdem sollten die Haare nicht zu sehr ins Gesicht fallen, denn Sie wollen ja mit einem offenen Blick überzeugen. Ungeachtet jeder Modeerscheinung soll eine Frisur den jeweiligen Typ betonen.

Ihre beste Seite

Die berühmte Schokoladenseite gibt es tatsächlich, und jeder hat sie. Am besten machen Sie sich schon vor dem Fototermin auf die Suche nach Ihrer vorteilhaften Seite. Testen Sie vor dem Spiegel oder vor Freunden Ihre Idealpose, in der Sie sich gut fühlen. Merken Sie sich auch, wie Sie sich selbst nicht gefallen, damit gefallen Sie auch anderen weniger gut. Die klassische Haltung im Halbprofil, bei der maximal noch der Brustkorb zu sehen ist und in der man in die Kamera blickt, ist nicht mehr die einzige Möglichkeit. Auch Posen im Stehen oder Sitzen sind denkbar, solange sie professionell und seriös wirken.

Bitte lächeln!

Das Wichtigste auf Ihrem Bewerbungsfoto ist Ihr Gesichtsausdruck, denn Ihre Haltung ist zwangsläufig statisch und in diesem Fall eher Nebensache. Die Konzentration liegt auf Ihrer Mimik, die vor allem eines sein sollte: freundlich. Ein ehrliches Lächeln ist deshalb Pflicht, ebenso ein offener Blick. Sie sollten jedoch die Augen nicht aufreißen. Auch die ideale Mimik können Sie schon vorab zu Hause üben. Lächeln Sie sich im Spiegel an und finden Sie den Ausdruck, der Ihnen am besten gefällt. Dann merken Sie sich genau, wie es sich anfühlt.

Auf den Punkt: Die 10 wichtigsten Tipps fürs Vorstellungsgespräch

1. Der erste Eindruck zählt! Schon beim Foto auf die Körpersprache achten. Der erste Kontakt findet nicht unbedingt persönlich statt. Auch Ihre Bewerbungsunterlagen müssen optisch punkten.

2. Erfolgsstyling! Ihr Outfit kann Bände sprechen – wählen Sie deshalb die richtigen Styling-Aussagen.

3. Keine Chance für Lampenfieber! Aufregung ist gut – zu viel Aufregung kann kontraproduktiv sein. Finden Sie heraus, wie Sie Ihre Nervosität am besten in den Griff bekommen.

4. Ein Auftritt – viele Möglichkeiten! Bringen Sie sich optimal ins Spiel – mit einem selbstbewussten, freundlichen und offenen Auftreten.

5. Handspiel verboten! Nichts verrät Nervosität mehr als unruhige Hände. Üben Sie vor wichtigen Gesprächen, was Sie mit Ihren Händen machen. Ideal: ruhig in den Schoß legen und wenn's passt, bewusste offene Gesten einbauen.

6. Sitzen bleiben! Nicht nur Ihre Hände sollten Ruhe ausstrahlen, sondern Ihr ganzer Körper. Sprich: kein Rumgezappel auf dem Stuhl oder nervöses Füße-Scharren.

7. Immer Interesse zeigen! Ein neuer Arbeitgeber will hofiert werden. Signalisieren Sie Interesse mit leicht zur Seite geneigtem Kopf, leichtem Nicken und Blickkontakt.

8. Stimmiges Gespräch! Auch die Stimme ist ein direkter Nervositäts-indikator. Sowohl Stimmlage als auch das Sprachtempo sollten angenehm und natürlich sein.

9. Pokerface! Ihr Gesicht spricht Bände, trotzdem sollten Sie sich Nervosität, Ärger, Frust etc. nicht anmerken lassen. Bleiben Sie mimisch souverän.

10. Üben, üben, üben! Wie bei einer Prüfung ist auch bei Bewerbungs-gesprächen die optimale Vorbereitung das A & O. Testen Sie vorab Ihr Outfit. Spielen Sie mögliche Fragen mit Freunden durch und trainieren Sie Ihre Körpersprache. Je sicherer Ihr Auftritt ist, umso mehr Wirkung erzielen Sie.

3. Körpersprache unter Kollegen

Vermutlich verbringen wir mit niemandem so viel Zeit wie mit unseren Kollegen. Dass es ohne eine gewisse Kommunikationsbereitschaft und eine gute Kommunikationsebene daher im Büro nicht rundläuft, können wir jeden Tag erleben. Unsere Sensibilität ist stark ausgeprägt, wenn es darum geht, Stimmungen im Kollegenkreis aufzufangen. Warum hat die Kollegin an diesem Morgen nicht gegrüßt und ist mit gesenktem Kopf an meiner Tür vorbeigehuscht? Warum wendet der sonst so offenherzige Mitarbeiter mir weiterhin den Rücken zu, selbst wenn ich ihn direkt anspreche? Warum muss ich heute für eine Auskunft mehrfach nachhaken, die bislang nie ein Problem war? Ihnen fallen sicherlich auch einige Beispiele ein. Fragt sich nur: Wie kommt es, dass wir gerade im Berufsalltag so empfindsam sind?

Die Antwort ist ganz einfach: Dieser Mikrokosmos ist ein enorm wichtiger Teil unseres Lebens, in dem wir uns meist mehr als die Hälfte des Tages bewegen. Er hat seine eigenen Gesetze und Regeln und kann leicht aus dem Gleichgewicht geraten – zum Beispiel dann, wenn die bürointerne Kommunikation nicht funktioniert. Die Folge: Missstimmungen und Dissonanzen im Team wirken sich auf die Motivation und Leistungsfähigkeit aus.

Eine gut funktionierende Kommunikation erzeugt dagegen ein positives Miteinander und fördert einen reibungslosen Austausch. Ehrliche Heiterkeit kann geradezu beflügelnd auf unsere Arbeit wirken. Ein atmosphärisches Unwohlsein erzeugt das Gegenteil: Wir schleppen uns durch den Arbeitstag und können den Feierabend kaum erwarten.

Verständigung ohne Hierarchie

Unter Kollegen ist eine gute verbale und nonverbale Kommunikation vor allem deswegen so wichtig, weil Stimmungen und Missstimmungen sich innerhalb der Belegschaft und auf begrenztem (Büro-)raum schnell auf andere übertragen. Ein überforderter, gestresster oder schlecht gelaunter Kollege kann in der gesamten Abteilung oder gar Firma eine gereizte Atmosphäre verbreiten.

Das Problem: Je mehr Zeit wir mit bestimmten Personen verbringen und je vertrauter uns eine Gemeinschaft ist, desto mehr tendieren wir dazu, uns ab und an gehen und unsere Launen freien Lauf zu lassen. Kommt noch Stress hinzu, hat ein bewusstes und vor allem respektvolles Miteinander oftmals Sendepause. Um sich in solchen Situationen und Momenten selbst wieder in die richtige Richtung zu lenken und besser auf die eigene Kommunikation zu achten – was sicherlich nicht einfach ist –, braucht es vor allem einen neutralen Blickwinkel.

Auf eine angenehme Zusammenarbeit!

Es menschelt. Dieser schöne Ausdruck bringt es auf den Punkt, womit wir es im Beruf ebenso wie im Privatleben tagtäglich zu tun haben: mit Menschen. Jeder hat seine guten und schlechten Tage, erlebt Freude ebenso wie Sorgen. In einem Unternehmen herrscht darüber hinaus ein besonderes soziales Gefüge, denn hier treffen nicht nur Individuen aufeinander, sondern auch verschiedene berufliche Rollen und Hierarchieebenen. Hier müssen wir beides unter einen Hut bringen: die Privatperson und den Berufstätigen. Das eine lässt sich vom anderen nicht ganz trennen. Selbst wenn Sie kaum über Ihre Familie, Ihren Freundeskreis, Ihre Freizeitaktivitäten oder Gewohnheiten sprechen, bekommen die Kollegen doch immer wieder etwas von Ihrem Privatleben mit. Das geschieht auch über Ihre Körpersprache.

Zusammenspiel Berufs- und Privatleben

Natürlich müssen Sie in Ihrem Beruf Ihren Mann beziehungsweise Ihre Frau stehen. Sie haben bestimmte Aufgabenfelder und Verantwortlichkeiten, müssen Leistung bringen und möglicherweise andere Menschen leiten und lenken. Die Rolle, die Sie zu Hause als genügsamer Familienvater, verständnisvolle Tochter, patente Mutter, beste Freundin oder lockerer Sportkumpel innehaben, tritt dann in den Hintergrund.

Aber legen wir tatsächlich unser privates »Kostüm« ab, wenn wir die Firma betreten? Sind wir plötzlich ein anderer Mensch, nur weil wir Anzug und Krawatte tragen? Andersherum gefragt: Lassen wir den Büromenschen im Wäschekorb oder auf der Kleiderstange zurück, wenn wir nach Feierabend die legere Jogginghose überstreifen und mit bequemen Wollsocken auf der Couch herumlümmeln? Nein, zu hundert Prozent können wir diese verschiedenen Rollen nicht ablegen, obwohl es – unternehmerisch und privat betrachtet – vorteilhaft wäre. So wird jemand, der in seiner Freizeit den Paradiesvogel gibt, wohl kaum als graue Maus im Büro erscheinen. Und ein schüchternes Mauerblümchen im Betrieb wird höchstwahrscheinlich nach Feierabend nicht unbedingt zur großen Netzwerkerin.

Körpersprache identifiziert

Natürlich verhalten wir uns im beruflichen Umfeld anders, denn dort werden andere Erwartungen an uns gestellt und wir müssen sehr viel sachlicher und nüchterner agieren. Trotzdem ist die Person im Bürosessel und auf der Couch dieselbe und kann das auch nicht verleugnen – unter anderem wegen der Körpersprache. Schließlich sind unsere Mimik, Gestik und Haltung wie ein optischer DNA-Abdruck. Unsere Körpersprache identifiziert uns jederzeit.

Dieses Wissen ist die wichtigste Voraussetzung für eine optimale innerbetriebliche Kommunikation auf allen Ebenen. Es hilft, die Kollegen um uns herum besser zu verstehen und verständnisvoller wahrzunehmen. Und es hilft auch, uns selbst innerhalb dieser Gemeinschaft richtig einzuordnen und Teil des Teams zu werden. Die Alternative wäre, sich selbst Tag für Tag zu verstellen, um nichts von sich preiszugeben. Und Kollegen vorschnell in eine Schublade zu schieben, ohne ihr Verhalten zu hinterfragen. Beides ist nicht erstrebenswert und wäre keine gute Basis für eine erfolgreiche und harmonische Zusammenarbeit, die Freude macht.

Eine klassische Weisheit

In »Wilhelm Meisters Lehrjahre« von Goethe heißt es: »Wenn wir die Menschen nur nehmen, wie sie sind, so machen wir sie schlechter. Wenn wir sie behandeln, als wären sie, was sie sein sollten, so bringen wir sie dahin, wohin sie zu bringen sind.« Warum sollte sich an diesem klassischen Gedanken inzwischen etwas geändert haben?

Das Geheimnis: seine Rolle im Büro finden

Doch was ist das Geheimnis einer reibungslosen Verständigung? Wer sich an seinem Arbeitsplatz wohlfühlen will, muss zuallererst seine Rolle finden. Was der österreichische Dramatiker Hugo von Hofmannsthal Anfang des 20. Jahrhunderts in Worte fasste, hat heute mehr Gültigkeit denn je: Es ist immer etwas anderes, ob man eine Haltung, welche auch immer, wirklich hat oder ob man nur vorgibt, sie zu haben. Wer einen unnatürlichen Eindruck macht, wird so oder so auf Probleme im Umgang mit anderen stoßen – bei Kollegen, zu denen man zwangsläufig eine engere Beziehung eingeht, umso mehr.

Authentisch wahrgenommen zu werden ist die optimale Basis, um als sympathischer und angenehmer Kollege rüberzukommen. Fragen Sie sich: Wie möchte ich wirken? Welche Rollen will ich verkörpern? Und – sehr wichtig: Passen diese Rollen zu mir? Ist Ihr Auftreten deckungsgleich mit Ihrer inneren Einstellung und Ihren Aussagen, dann wirken Sie vertrauenswürdig, natürlich und damit sympathisch. Ein enormer Vorteil für gutes Teamwork.

Die Sympathiefrage

Überlegen Sie: Wen aus Ihrem Kollegenkreis würden Sie spontan als sympathisch bezeichnen? Was macht diese Person aus? Warum haben Sie das Gefühl, dass es sich um einen angenehmen Kollegen oder eine liebenswerte Mitarbeiterin handelt? Vielleicht denken Sie an einen Ihnen zugewandten, offenen Blick oder an eine fließende Handbewegung in Ihre Richtung. Die Person vor Ihren Augen ist ein geduldiger Zuhörer und nickt gelegentlich, wenn Sie etwas berichten. Oder sie berührt Sie auch einmal wohlwollend an der Schulter, wenn es um ein schwieriges Thema geht.

Und nun die andere Möglichkeit: Wer aus dem Team fällt Ihnen unangenehm auf? Bei welcher Person bekommen Sie spontan Gänsehaut?

Wenn Sie sich jetzt für einen Moment leicht nach links oder rechts weggedreht haben, dann sind Sie auf der richtigen Spur. Denn der bloße Gedanke an einen Menschen, den wir als eher unsympathisch einstufen, bringt unseren Körper zum Sprechen und lässt uns instinktiv auf Distanz gehen. Gähnt der betreffende Kollege vielleicht ständig und unverhohlen im Gespräch? Schaut er aus dem Fenster oder auf die Uhr, während Sie ihm etwas erklären wollen? Schlägt er die Beine übereinander und dreht dabei den Oberkörper weg, sodass sich eine Art Schallmauer zu Ihnen aufbaut?

Auf diese oder ähnliche Weise stufen wir jeden einzelnen Kollegen in unsere persönliche Sympathiehierarchie ein und empfinden die Zusammenarbeit daher mit einigen als mehr, mit anderen als weniger angenehm. Das beeinflusst meist auch unser Verhalten den jeweiligen Kollegen gegenüber. Wir werden manche einfach netter oder besser behandeln als andere. Ein unbewusstes Verhalten, mit dem wir allerdings nur uns selbst schaden. Schließlich müssen wir mit allen zusammenarbeiten und sind bisweilen auch auf jene angewiesen, die wir nicht als Sympathieträger einstufen.

Es bleibt also nur, die eigene Einstellung und die Art und Weise zu ändern, wie wir mit diesen Kollegen umgehen. Diese Taktik zeigt oft erstaunliche Wirkung. Ändern wir unser Verhalten einem Menschen gegenüber in positiver Hinsicht, wird diese Veränderung reflektiert. Das heißt, auch das Verhalten des anderen uns gegenüber wird sich ändern, und es findet eine Annäherung statt. Unsere Sicht und Meinung über diese Person wird sich der »neuen« Beziehung anpassen und sich verbessern. Sie können also nur gewinnen, selbst wenn Sie sich erst einmal überwinden und »gewollt« nett sein müssen.

Trotz aller guten Vorsätze werden in einem Kollegenteam immer wieder Störungen auftreten. Das ist auch völlig normal. Stress, Termindruck, das Miterledigen von Aufgaben eines Kollegen wegen längerer Abwesenheit und privater Ballast können die Stimmung schnell in Schieflage bringen. Gerade dann ist der richtige Umgang miteinander so wichtig; er hilft, Konflikte rascher zu erkennen und zu lösen, wenn sie sich schon nicht vermeiden lassen. Vielleicht schenken Sie in einer angespannten Situation Ihrer Umgebung erst einmal ein spontanes Lächeln, das beruhigt vorübergehend – und manchmal sogar über einen längeren Zeitraum hinweg. Außerdem wirkt es meist ansteckend.

Akzeptieren Sie das »Revier« des anderen mit einer Armlänge Distanz.

Goldene Regeln für ein gutes Miteinander

Folgender Grundsatz gilt immer: Taktgefühl und Respekt im Umgang mit Kollegen stehen prinzipiell an oberster Stelle.

- Akzeptieren Sie das »Revier« des anderen [Bild Nr. 41], das gilt sowohl beruflich als auch im direkten Umgang miteinander. Konkret: Kommen Sie niemandem zu nahe, sonst ernten Sie Aggression oder Rückzug.
- Halten Sie eine Armlänge Abstand oder schaffen Sie mehr Nähe, indem Sie sich Ihrem Gegenüber im rechten Winkel zuwenden.
- Tragen Sie in angespannter Atmosphäre Ihren Standpunkt möglichst sachlich und mit ruhiger Stimme vor.
- Was auch kommen mag: Zeigen Sie sich teamfähig und versuchen Sie nicht, Ihr Ding alleine durchzuziehen.

- Über Ihre nonverbalen Signale können Sie den Teamgedanken unterstreichen. Zeigen Sie, dass Sie bereit sind, Arbeitsabläufe gemeinsam und ergebnisorientiert zu diskutieren, indem Sie eine offene Körpersprache sprechen: mit einladenden Gesten und einer freundlichen Mimik.
- Hören Sie konzentriert und interessiert zu, wenn ein Kollege spricht oder präsentiert. Mit einem leichten Nicken unterstreichen Sie Ihr Interesse.
- Haken Sie nach, ohne dabei streng oder besserwisserisch zu wirken. Bleiben Sie entspannt und offen für alle Anregungen und Positionen. Lächeln Sie bei einer Nachfrage und machen Sie eine Geste, bei der Ihre Handflächen nach oben zeigen.

Geben Sie Konflikten keine Chance

Konfliktsituationen im Büro entstehen häufig durch Missverständnisse und scheinbare Hierarchieverschiebungen. Ein Beispiel: Sie sitzen am Schreibtisch und sind in Ihre Arbeit vertieft. Eine Kollegin rauscht in Ihr Zimmer, legt mit temperamentvollem Schwung wortlos Unterlagen auf Ihren Tisch und verschwindet wieder. Dieses Verhalten als Engagement und Arbeitselan zu deuten, setzt sehr großes Wohlwollen voraus. Doch schon am nächsten Tag kann die gleiche Situation ganz anders verlaufen: Die Mitarbeiterin grüßt freundlich, sagt ein paar Worte zum Wetter und erklärt, weshalb sie Ihnen diese wichtigen Materialien übergibt.

Gründe, warum sich die Situation einmal so und einmal anders abspielt, gibt es viele: Vielleicht hatte die Kollegin einfach wegen privater Probleme oder eines stressigen Projekts einen schlechten Tag. Oder aber Sie haben der Kollegin im Vorfeld unbewusst verbal oder nonverbal etwas signalisiert, was sie verletzt hat – eine Aussage oder Geste vielleicht, die wirkte, als würden Sie sich höhergestellt fühlen.

So wie unsere Körpersprache falsch gedeutet werden kann, können auch die Signale unserer Kollegen falsch interpretiert werden. Deshalb sollten wir überlegt agieren und mit Signalen, die wir empfangen, ebenso bewusst umgehen. Mit anderen Worten: Bevor wir das Verhalten unserer Kollegen beurteilen, sollten wir es erst hinterfragen. Oft hat es gar nichts mit uns zu tun.

Eine andere Szene aus dem Büroalltag: Sie sitzen am Schreibtisch, ein Kollege betritt das Zimmer und bleibt vor Ihnen stehen. Sie müssen von unten nach oben schauen, fühlen sich automatisch kleiner und unbedeutender. Wer steht, dominiert die Situation. Drückt sich Ihr Gesprächspartner dann auch noch an den Schreibtisch oder beugt sich sogar darüber, verschiebt sich Ihr gefühltes Machtgleichgewicht noch mehr. Tritt er gar hinter Sie, um zum Beispiel am Bildschirm etwas zu zeigen oder zu erklären, ändert sich seine Wirkung massiv: Nun ist er nicht mehr »nur« dominant, sondern aufdringlich. Was tun in einer solchen Situation?

Ebenbürtig kommunizieren

Innerhalb eines Teams sollten die einzelnen Mitglieder möglichst hierarchiefrei kooperieren und kommunizieren. Das bedeutet natürlich, dass Sie sich selbst an diese Regel halten und nonverbale Machtdemonstrationen vermeiden. Auch wenn Sie nicht der Initiator möglicher Machtkonflikte sind, können Sie der Sache den Wind aus den Segeln nehmen, denn in den wenigsten Fällen handelt es sich um einen bewussten Angriff.

Machen Sie es sich zur Maxime, mit Ihren Kollegen immer auf einer Ebene zu kommunizieren, und gleichen Sie hierarchische Nuancen durch Ihre Körpersprache aus:

◆ Suchen Sie das Gespräch mit einem Kollegen, der sitzt, setzen Sie sich ebenfalls. Bleiben Sie keinesfalls stehen.
◆ Sind Sie derjenige, der sitzt, und Ihr Gesprächspartner bleibt stehen, begeben Sie sich auf sein Niveau. Stehen Sie also auf.
◆ Signalisieren Sie durch freundliche Mimik, aufrichtiges Lächeln, aktiven Blickkontakt und eine dem Gesprächspartner zugewandte Haltung Ihr Interesse oder Ihr Einverständnis und stärken Sie dadurch das Teamgefühl.

Anerkennung braucht Gesten

Wertschätzung, Anerkennung und ein respektvolles Miteinander sind die besten Voraussetzungen für eine harmonische Bürokommunikation. Sie motivieren und sind ein Motor für berufliche Leistung. Daher sollten Sie Ihre Anerkennung nicht nur verbal zum Ausdruck bringen, sondern auch zeigen. Signalisieren Sie Kollegen bewusst, wie Sie zu ihnen stehen. Zeigen Sie, dass Sie ihnen gegenüber offen sind. Nutzen Sie

Gestik und Mimik, um unaufdringlich, aber erkennbar zu vermitteln, wie sehr Sie jemanden mögen und respektieren.

»Wer mit Anerkennung spart, spart am falschen Ort«, hat der US-amerikanische Humanist Dale Carnegie schon vor über 50 Jahren treffend formuliert. Wenn Sie also dem Mitarbeiter Aufmerksamkeit und Wertschätzung schenken, schaffen Sie die Basis für eine gute berufliche Beziehung.

Prosoziale Lügen fördern die Zusammenarbeit

Prosoziale Lügen sind kleine positive Schwindeleien. Schon Wilhelm Busch sagte so treffend: »Da lob' ich mir die Höflichkeit, das zierliche Betrügen. Du weißt Bescheid, ich weiß Bescheid und allen macht's Vergnügen.« Bei wichtigen Entscheidungen sollte aber die Wahrheit Priorität haben. Nur wer ehrliche Wertschätzung bekommt, fühlt sich gut, ist motiviert und arbeitet gern im Team. Behalten Sie jedoch im Hinterkopf, dass Sie sich durch zu viel und zu häufiges Loben über Ihre Kollegen stellen und sie indirekt zu immer mehr Leistung antreiben könnten. Generell aber gilt: Gibt mir jemand das Gefühl, anerkannt zu sein, suche ich seine Gesellschaft.

Zeigen Sie Ihre Wertschätzung

Um Ihre Wertschätzung nicht nur mit Worten, sondern auch mit dem Verhalten auszudrücken, sollten Sie folgende Grundregeln beherzigen:

◆ Wertschätzung und Konkurrenzkampf schließen sich für ein gutes Miteinander aus. Wenn Sie die Leistung einer anderen Person würdigen, nehmen Sie sich in dem Moment etwas zurück.
◆ Zeigen Sie sich zuvorkommend. Achten Sie auf das Verhalten und die Stimmung Ihrer Kollegen und reagieren Sie vorausschauend. Wirkt jemand im Meeting überanstrengt? Dann schlagen Sie kurzerhand eine Pause vor.
◆ Schauen Sie den Menschen in Ihrem Umfeld in die Augen. Durch Ihren offenen Blick geben Sie ihnen im wahrsten Sinn des Wortes Ansehen und Anerkennung. Blickkontakt schafft Kontakt. Vermeiden Sie einen – selbst grundlosen – Blickkontakt mit einer Person, wird das als mangelnde Wertschätzung, Desinteresse oder Unhöflichkeit gewertet.

Erfolgreich in Meetings

Eine besondere Situation im Büroalltag stellen gemeinsame Meetings und Besprechungen dar. Dabei geht es nicht nur um ein gutes Auskommen miteinander, sondern auch um fachbezogenes Teamwork und darum, die eigene Position zu vertreten. Ihr Ziel bei Teamsitzungen: Sie möchten selbstbewusst und überzeugend wirken.

Unabhängig davon, ob ein Geschäftsführer, Abteilungsleiter oder Projektleiter anwesend ist oder die Mitarbeiter unter sich sind, sollten Sie auf Folgendes achten:

- Betreten Sie den Besprechungsraum aktiv, in aufrechter Haltung, mit festem Schritt und in angemessenem Tempo [Bild Nr. 42]. Schlurfen oder schlendern Sie nicht in den Raum hinein, sonst wirken Sie alles andere als motiviert und souverän.
- Pressen Sie Ihre Arme nicht eng an den Körper, sondern nehmen Sie sich den Raum, der Ihnen gebührt [Bild Nr. 43].
- Schauen Sie den Teilnehmern bewusst in die Augen, aber starren Sie sie nicht endlos an. Eine gute Dosis Augenkontakt genügt.
- Nehmen Sie die Bewegungen der anderen Teilnehmer auf, »schwingen« Sie körpersprachlich mit der Gruppe mit. Wenn andere sich nach vorne lehnen, tun Sie es auch. Dadurch werden Sie von den Teammitgliedern stärker wahrgenommen. Der Effekt dieser Spiegelmethode beruht darauf, dass Menschen mit gleichen Gesten sich eher als sympathisch einschätzen und deshalb mehr Kollegialität entwickeln.
- Vermeiden Sie ablehnende Gesten [Bild Nr. 44], um nicht den Eindruck zu erwecken, Sie seien an Anregungen oder anderen Meinungen nicht interessiert oder seien nicht aufnahmebereit.
- Hängen Sie nicht lasch in Ihrem Stuhl. Sonst wirken Sie wie ein gelangweilter und passiver Zuhörer, aber nicht wie ein aktiver Mitentscheider.
- Sie sitzen aber auch nicht in der Achterbahn. Klammern Sie sich also nicht an den Stuhllehnen fest [Bild Nr. 45]. Damit wirken Sie verkrampft – und sind es auch.
- Wenn Sie Ihre Hände nicht brauchen, legen Sie sie offen in den Schoß oder auf dem Tisch ab, nicht unter den Schoß [Bild Nr. 46].
- Wenn Sie etwas zu sagen haben, sprechen Sie laut und deutlich, damit Sie die Gruppe für Ihre Ideen begeistern.

42

Betreten Sie den Besprechungsraum aktiv in aufrechter Haltung.

43

Pressen Sie Ihre Arme nicht eng an den Körper, nehmen Sie den Raum ein, der Ihnen gebührt.

44

Zusammengekniffene Lippen wirken ablehnend.

45

Klammern Sie sich nicht an den Stuhllehnen fest.

46

Ungenutzte Hände gehören nicht *unter*, sondern *auf* den Schoß.

47

Typische Verlegenheitsgeste: sich in den Nacken fassen.

◆ Was wollen Sie mit Ihrer Körperhaltung aussagen? »Ich habe nichts zu befürchten.« Dann setzen Sie sich locker angelehnt in den Stuhl. »Ich bin wichtig sowohl für das Unternehmen als auch für das Team.« Dann zeigen Sie einen breiten Brustkorb.
◆ Vermeiden Sie jegliche Verlegenheitsgesten. Fassen Sie sich also nicht in den Nacken, spielen Sie nicht mit der Halskette und zupfen Sie sich nicht am Ohrläppchen [Bild Nr. 47].

Spielen verboten!

Ich erinnere mich an einen Teamleiter, der in jedem Meeting mit einem Kugelschreiber spielte. Während er etwas erklärte oder seinen Mitarbeitern zuhörte, sprang das Schreibutensil zwischen Daumen und Handfläche und zwischen den einzelnen Fingern hin und her. Manchmal war die Spielerei so dynamisch, dass der Stift über den Konferenztisch in den Raum flog.

Dass der Stiftjongleur damit seine Unsicherheit und Nervosität nur noch deutlicher zur Schau stellte, liegt auf der Hand. Es ist also keine gute Idee, fahrige Gesten mit einem Spielzeug zu unterdrücken, im Gegenteil. Es lenkt die Aufmerksamkeit der anderen Teilnehmer nur noch mehr auf Ihre Anspannung. Sind Sie nervös, stabilisieren Sie sich besser durch einen regelmäßigen Schluck aus dem Wasserglas. Oder schreiben Sie sich ab und zu ein Stichwort auf. Auch das gibt Sicherheit, und so erfüllt der Kugelschreiber seinen eigentlichen Zweck.

Teamwork – auch ohne Worte

Was hat eine gute oder weniger gute Bürokommunikation mit Körpersprache zu tun? Wie wirken bestimmte körpersprachliche Signale ganz konkret am Arbeitsplatz? Was sind kleine und was größere Fettnäpfchen im Büro? Und wie funktioniert reibungsloses Teamwork auf nonverbaler Basis?

Der Volksmund sagt, jeder hat die Kollegen, die er verdient. Das klingt wie eine düstere Prognose, hat aber einen wahren Kern. Wenn Sie jemanden ablehnen und sich auch dementsprechend verhalten, werden Sie zu dieser Person nie ein gutes Verhältnis aufbauen können. Stecken Sie also niemanden, mit dem Sie vielleicht noch Jahre zusammenarbeiten müssen, sofort in eine Schublade – damit schaden Sie sich nur selbst.

Bleiben Sie stattdessen offen und geben Sie auch dieser Person eine zweite oder gar eine dritte Chance. Menschen können sich schließlich ändern, und Sie können eine zwischenmenschliche Beziehung aktiv beeinflussen – etwa indem Sie Ihr Verhalten bewusst ändern und einen bislang weniger geschätzten Mitarbeiter behandeln, als sei er Ihnen (bereits) sympathisch. Mit hoher Wahrscheinlichkeit geschieht das dann tatsächlich.

Gewinnen Sie Ihre Arbeitskollegen für sich

Trotz aller Bemühungen werden Sie nicht zu allen Kollegen ein gleich gutes Verhältnis aufbauen können. Und manchmal werden Sie etwas Geduld aufbringen müssen, um ein Teammitglied zu gewinnen.

◆ Nutzen Sie die Macht der Akzeptanzresonanz. Suchen Sie bewusst etwas Positives bei Ihrem Gegenüber. Das Gesetz der Reziprozität sorgt in der Regel dafür, dass etwas Positives zurückkommt.
◆ Tragen Sie die Nase im wahrsten Sinne des Wortes nicht zu weit oben. Kommunizieren Sie auf Augenhöhe – freundlich und auf Harmonie bedacht, aber stets auf sachlicher Ebene. Richten Sie dabei Ihren Blick und Ihre Haltung immer auf Ihr Gegenüber aus.
◆ Zeigen Sie aufrichtiges Interesse an Ihren Kollegen, fragen Sie nach aktuellen Projekten oder Vorhaben, loben Sie auch kleine Erfolge, über die Sie sich ehrlich freuen. Wahren Sie dabei die Grenze zur Neugierde. Fassen Sie nicht hartnäckig nach, wenn ein Teammitglied nur wenig berichten möchte. Interessiertes Zuhören signalisieren Sie am besten mit einem leichten Lächeln und regelmäßigem leichten Nicken.
◆ Zeigen Sie sich Ihren Kollegen gegenüber nicht verschlossen, indem Sie ihnen Schulter oder Rücken zuwenden oder mit lebloser Miene und verschränkten Armen zuhören.
◆ Verbessern Sie das Betriebsklima, indem Sie neben einer aufrechten Haltung und einem lebendigen Ausdruck vor allem ein inneres Lächeln und einen kontaktfreudigen Blick mitbringen.

- Warten Sie nicht, bis Kollegen Sie ansprechen. Gehen Sie auf andere zu, seien Sie offen, sowohl in der Kommunikation als auch mit der Körpersprache.
- Die beste Strategie für eine gute Beziehung zu Ihren Kollegen: Seien Sie selbst der Kollege, den Sie sich an Ihrer Seite wünschen. Wenn Sie sich das immer wieder bewusst machen, werden Sie sich ganz automatisch richtig verhalten.

Erfolgsfaktor Empathie

Gruppenbildung ist in einem Unternehmen ganz natürlich. Dieses Muster reicht zurück bis in die Urzeit, als sich die Menschen zusammenrotten mussten, um zu überleben. Jeder im Clan hatte seine Position und seine Aufgabe und fühlte sich sicher und geborgen – auch deshalb, weil es eine Person, in der Regel die stärkste, an der Spitze gab, um die man sich scharen konnte.

Dieses Phänomen ist auch heute noch zu beobachten. Um jene Kollegen, die selbstbewusst auftreten, sich in Meetings und Projekten behaupten, allgemein gut drauf sind und ihren Job souverän meistern, versammeln sich gern andere Mitarbeiter. Sie möchten von der starken Position der Kollegen profitieren oder diese als Rückhalt nutzen. Ob Sie als »Stammesführer« wahrgenommen werden, hängt vor allem von Ihrer Ausstrahlung ab und davon, ob Sie es schaffen, Menschen für sich zu gewinnen. Sollte das Ihr Ziel sein, heißt das Zauberwort »Empathie«, also Einfühlungsvermögen.

Mit ziemlicher Sicherheit werden Sie jeden Kollegen, dem Sie ehrliches Interesse, Verständnis, Mitgefühl und Unterstützung zukommen lassen, auf Ihrer Seite haben. Doch wie kommen Sie zu dieser wünschenswerten Eigenschaft, die niemandem einfach so in die Wiege gelegt wird? Ein gutes Einfühlungsvermögen lässt sich, wie die meisten sogenannten sozialen Talente, trainieren. Am besten geschieht das durch zwischenmenschliche Kommunikation – verbale und nonverbale.

Zeigen Sie Mitgefühl

Nörgelnde, pessimistische, problembeladene Zeitgenossen sind ebenso wie zweifelnde, jammernde und launische Kollegen nicht einfach im Umgang. Zeigen Sie trotzdem Mitgefühl und Hilfsbereitschaft.

- Ein offener, interessierter Blick ist immer richtig. Zusätzlich können Sie durch leichte Berührungen an der Schulter oder am Arm Ihre Anteilnahme verstärken. Weicht Ihr Gegenüber leicht zurück, belassen Sie es bei nonverbalen Signalen auf Distanz.
- Freundlich und gelassen, geduldig und tolerant erreichen Sie in jeder Situation mehr, und Ihre Ausgeglichenheit überträgt sich auf andere. Vermeiden Sie darum auch in hektischen oder angespannten Situationen unruhige oder bedrohlich wirkende Gesten oder eine verkrampfte Mimik. Setzen Sie auf ruhige Armbewegungen von unten nach oben. Zeigen Sie die Handinnenflächen, nicht die Handrücken. Und achten Sie auf eine lockere Gesichtsmuskulatur.
- Zeigen Sie Respekt gegenüber Ihren Kollegen. Wenn Sie einer Kollegin die Tür aufhalten oder ihr ein Glas Wasser einschenken, beweisen Sie Stil und Niveau und schaffen eine gute Basis für eine Begegnung auf Augenhöhe. Der Respekt, den Sie Ihren Teammitgliedern erweisen, kommt zu Ihnen zurück. Lassen Sie Ihre Gesprächspartner immer ausreden und fallen Sie niemandem ins Wort.
- Sollte jedoch ein Kollege permanent mit seinem Pessimismus und seiner Nörgelei allen die Stimmung verderben, dann stoppen Sie ihn.

In schwierigen Fällen: Seien Sie entgegenkommend

Trotz eines respektvollen und empathischen Umgangs mit allen Kollegen werden Sie sich mit manchen von ihnen besser verstehen als mit anderen, das ist ganz normal. Gerade im Umgang mit jenen Kollegen, bei denen es leicht zu Spannungen kommt und die Kommunikation eher kompliziert ist, kann eine bewusste Körpersprache äußerst hilfreich sein. Wie können Sie das, beispielsweise bei einem anstehenden Gespräch, für sich nutzen?

- Zeigen Sie eine offene Körperhaltung, bei der Sie sich Ihrem Gegenüber frontal zuwenden und dennoch etwa eine Armlänge Distanz wahren [Bild Nr. 48]. Oder – noch besser – Sie stellen sich im rechten Winkel zu ihm. No-Gos: sich mit dem Oberkörper wegzudrehen und dem anderen im wahrsten Sinne des Wortes die kalte Schulter zu zeigen.
- Mit wohlwollenden Gesten, bei denen die Hände mit den Innen-

Ideal: sich frontal zum Gegenüber stellen und eine Armlänge Abstand wahren.

Verkneifen Sie sich den »Tiefblick«.

flächen nach oben zeigen, können Sie das, was Sie sagen, positiv unterstreichen. Eine negative Wirkung haben dagegen ablehnende, wegwerfende oder wegschiebende Gesten.

◆ Schauen Sie Ihren Gesprächspartner freundlich und interessiert an, lächeln und nicken Sie leicht. Wollen Sie ihm darüber hinaus signalisieren, dass Sie ihm wohlgesonnen sind und keine Gefahr für ihn darstellen, neigen Sie den Kopf leicht zur Seite. Damit offenbaren Sie Ihre schwächste Körperstelle und demonstrieren das Gegenteil von Kampfbereitschaft.

Halten Sie Blickkontakt

Der Blickkontakt spielt in dieser Zweierkonstellation eine große Rolle; hier findet nonverbale Kommunikation in ihrer direktesten Form statt und hat damit die stärkste Wirkung. Der Blick eines Gesprächspartners kann eine Menge verraten. Andererseits kann Ihr Blick auch vieles bewirken:

- Wer unsicher oder gehemmt ist, blickt oft von unten nach oben. Meiden Sie diesen »Tiefblick« [Bild Nr. 49], sonst haben Sie in einem schwierigen Gespräch automatisch eine schwächere Position. Stellen Sie dieses Blickverhalten bei Ihrem Gegenüber fest, versuchen Sie, ihm die Unsicherheit zu nehmen, etwa indem Sie den Kopf leicht zur Seite neigen und sich dadurch selbst etwas verletzlicher präsentieren.

- »Ich schau dir in die Augen, Kleines.« Dieses berühmte Filmzitat sollte zum Gebot ernannt werden, denn Menschen, die uns nicht richtig ansehen, irritieren uns. Spricht Ihr Gegenüber, dann ist Blickkontakt angesagt. Sprechen Sie, dann können Sie natürlich auch zwischendurch mal kurz wegsehen. Nur so bauen Sie eine echte Beziehung zu Ihrem Gesprächspartner auf.

- Wer wirklich überzeugt ist von dem, was er sagt, schaut seinem Gesprächspartner direkt in die Augen. Wenn Sie Ihre Meinung vertreten, sind Sie also doppelt standhaft – zum einen mit Ihren Argumenten und zum anderen mit Ihrem Blick. Dabei dürfen Sie Ihren Gesprächspartner jedoch nicht anstarren. Einen Gedanken lang den Blick halten ist genau richtig.

- Haben Sie die Angewohnheit, in bestimmten Situationen über den Rand Ihrer Brille zu blicken [Bild Nr. 50]? Tun Sie es nicht. Mit diesem »Professorenblick« wirken Sie streng und dominant und erinnern eher an einen harten, unbeliebten Schulmeister als an einen sympathischen Kollegen.

- Sollte es Ihnen schwerfallen, den Blickkontakt zu anderen zu halten, gibt es einen einfachen Trick: Konzentrieren Sie sich auf die Nasenwurzel Ihres Gegenübers.

- Blickt ein Kollege im Gespräch über Ihren Kopf hinweg oder an Ihnen vorbei [Bild Nr. 51]? Möglicherweise ist er mit den Gedanken woanders, nicht am Thema interessiert oder er hat ein persönliches Problem mit Ihnen. In jedem Fall wirkt dieses Verhalten äußerst unhöflich und überheblich. Was können Sie in einer solchen Situation tun? Zwingen Sie ihn, den Blick auf Sie oder zumindest auf das Thema zu werfen, indem Sie eine Frage an ihn richten, etwas demonstrieren, am Flipchart etwas aufzeichnen oder eine Grafik vorlegen. Haben Sie ihn damit »geködert«, versuchen Sie, auch auf Sympathieebene eine Beziehung herzustellen. Bleiben Sie offen.

Der »Professorenblick« wirkt streng und dominant.

Wenn der Kollege an Ihnen vorbeiblickt, ist er mit den Gedanken vielleicht woanders.

◆ Mit dem Blick nehmen wir intensiv und ohne Worte Kontakt auf, auch in einer Gruppe. Wer angeschaut wird, fühlt sich akzeptiert und integriert. Wer nicht gesehen wird, empfindet dies als Ausgrenzung oder Missachtung. Achten Sie im Kontakt mit mehreren Personen deshalb immer darauf, alle Beteiligten mit den Augen einzubinden.

Deutliche Gesten und klare Mimik

Glauben Sie, dass Sie Ihre Stimmung im Büro gut verbergen können? Dass man es Ihnen nicht ansieht, ob Sie privat gerade eine stressige Zeit haben oder frisch verliebt sind? Da sind Sie auf dem Holzweg: Selbst wenn Ihnen kein Wort über private Sorgen oder Glücksgefühle über die Lippen kommt, spricht Ihr Körper Bände. Bei Ihren Kollegen kommen durchaus deutliche Botschaften an – eben ohne Worte. Ein abschweifen-

Ein abschweifender Blick, müde Mimik und lasche Hände sehen kraftlos aus.

Ein aufrechter Gang gepaart mit einem Lächeln und strahlenden Augen zeugt von Zufriedenheit und Souveränität.

der Blick, eine müde Mimik, unkonzentrierte Gesten oder eine kraftlose Haltung [Bild Nr. 52], ein glückliches Lächeln, strahlende Augen, ein aufrechter Gang [Bild Nr. 53] oder eine herzliche Geste – das alles nimmt Ihr Umfeld wahr und interpretiert die empfangenen Signale, bewusst oder unbewusst.

Natürlich sind auch Ihre Kollegen durch ihre Körpersprache wandelnde Informationstafeln. Um ihre wahren Motive und Gedanken zu entlarven, reicht genaues Hinhören längst nicht aus. Deshalb heißt es: genau hinschauen. Sobald Sie auch die Signale des Körpers verstehen, können Sie Ihre Mitmenschen wie ein offenes Buch lesen. Vertrauen oder Misstrauen lassen sich damit ebenso ergründen wie Zuneigung oder Abneigung, Interesse oder Desinteresse, Zustimmung oder Ablehnung.

In der Praxis könnte das so aussehen: Einige Kolleginnen und Kollegen stehen gemütlich am Kaffeeautomaten zusammen und Sie stoßen dazu. Innerhalb von Sekundenbruchteilen registrieren Sie, dass ein Mitarbeiter Sie freudestrahlend begrüßt und Ihnen dabei mit weit geöffneten Armen im wahrsten Sinne des Wortes sein Herz offenlegt. Ein anderer hingegen dreht sich fast unmerklich weg oder macht einen halben Schritt zur Seite.

Diese kleine Alltagssituation sagt sehr viel über Sie und Ihren Stand in der Firma aus, darüber, was bestimmte Kollegen über Sie denken und wie Sie auf andere wirken und sogar darüber, wie integriert Sie sind. Die Art und Weise, wie jemand sich Ihnen gegenüber verhält, lässt Sie spüren, ob er Sympathien für Sie hegt oder nicht. Sie können aus nonverbalen Signalen auch einiges über die Gruppendynamik innerhalb eines Unternehmens oder eines Teams ablesen. Wer Ihnen wohlgesonnen ist, hält sich gerne in Ihrer Gegenwart auf. Kollegen, die Sie noch nicht für sich gewinnen konnten, suchen eher die Distanz.

Die richtigen Signale senden

Unser Körper äußert sich sehr viel schneller, als wir es mit Worten tun können. Ob wir wollen oder nicht: Unsere Gefühle übernehmen das Kommando über manche Muskelgruppen und senden auf diese Weise unbewusst Signale. Das bedeutet, dass unsere Körpersprache macht und kommuniziert, was sie will. Sie können zwar versuchen, Ihre Körpersprache bewusster einzusetzen. Sobald Sie jedoch bestimmte Armbewegungen, Gesten oder eine Mimik stur auswendig lernen, um eine bestimmte Wirkung zu erzielen, erreichen Sie ganz schnell das Gegenteil. Dann wirkt Ihre Körpersprache aufgesetzt, und Sie wirken entsprechend unnatürlich und unglaubwürdig.

Wer Emotionen zulässt, wird in der Regel als starke Persönlichkeit betrachtet, respektiert und ernst genommen. Spielen Sie aber keine Gemütslage vor, die nicht existiert. Sagen Sie nicht, Sie seien hocherfreut, während Sie gleichzeitig Ihre Schultern hängen lassen und traurig schauen. Arbeiten Sie an Ihrem Selbstkonzept: Welche Rolle und welche Performance werden von Ihnen im Unternehmen verlangt? Wie möchten Sie wahrgenommen werden? Harmonieren Ihre Wirkung und Ihre Körpersprache mit Ihrer und der Erwartungshaltung der anderen? Wenn nicht, dann sollten Sie Schritt für Schritt an Ihrer Haltung, Gestik und Mimik arbeiten und diese optimieren. Dabei gilt die Regel: Reagieren Sie spontan im Positiven und zurückhaltend und reflektiert im Negativen.

54

Starre Hände, die unter dem Tisch versteckt sind: ein Zeichen für Unsicherheit

55

Nach vorne gekippte Schultern führen zu einem »Katzenbuckel«.

Handzeichen

Ein Zeichen für Unsicherheit sind starre Hände, die obendrein unter dem Tisch versteckt werden [Bild Nr. 54]. Ihre Hände sollten immer sichtbar sein, um zu signalisieren, dass Sie nichts zu verbergen haben. Versuchen Sie das, was Sie sagen, immer mit natürlichen Gesten zu unterstreichen.

Schulterzucken

Die Schultern haben einen erheblichen Anteil an der Gesamtwirkung; sie sind ein wichtiger Aspekt der Körpersprache. Beobachten Sie im Gespräch mit Kollegen einmal bewusst diese Körperpartie. Schon ein leichtes Schulterzucken verrät, dass der Sprecher unsicher und von dem, was er sagt, nicht vollständig überzeugt ist. Nach vorne gekippte Schultern [Bild Nr. 55] führen automatisch zu einem »Katzenbuckel« – ein Signal für Ratlosigkeit und wenig Selbstvertrauen.

Schultern spielen eine beliebte Rolle beim Flirten und senden unter Umständen erotische Signale. Wer mit nackten Schultern auftritt und sie entsprechend einsetzt, demontiert seine berufliche Ernsthaftigkeit. Angemessene Bürokleidung schützt also auch vor ungewollten Assoziationen. Übrigens: Sakkos sind im Berufsleben auch deshalb so verbreitet, weil sie verräterische Schulterbewegungen und damit auch ungewollte Signale verdecken. Zudem vermitteln sie den Eindruck einer breiteren Statur, was automatisch souveräner wirkt.

Sitzposition

Auch die Sitzposition trägt viel dazu bei, wie Sie wahrgenommen werden. Wenn Sie sich schmal und klein machen, dann fühlen Sie sich entsprechend und strahlen auch genau das aus. Hier der Test: Setzen Sie sich aufrecht in Ihren Bürostuhl, drücken Sie die Brust durch, legen Sie die Hände auf die Oberschenkel, stellen Sie beide Beine fest auf den Boden, schauen Sie mit geradem Kopf nach vorne und sagen Sie: »Ich bin ein Versager und Schwächling.« Sie merken schnell, dass diese Aussage nicht zu Ihrer Haltung passt, denn in dieser aufrechten Position fühlen Sie sich stark, und das strahlen Sie auch aus.

Das Experiment funktioniert natürlich auch umgekehrt: Sitzen Sie ohne Körperspannung, mit hängenden Schultern und schlaffen Knien im Stuhl, wird Ihnen der Satz »Ich bin durchsetzungsstark und erfolgreich« vermutlich nur schwer über die Lippen kommen. Finden Sie eine gute Mischung aus Körperspannung und Lockerheit, dann wirken Sie selbstbewusst, überzeugend und natürlich.

Signale richtig erkennen

Schulen Sie Ihre Fähigkeit, die Signale anderer zu erkennen und zu deuten. Je genauer Sie den Gefühlszustand eines Kollegen wahrnehmen, desto besser können Sie darauf reagieren. Die Folge: Wer sich von Ihnen verstanden fühlt, wird Sie automatisch sympathisch finden und zu einer konstruktiven Beziehung bereit sein.

Nonverbaler Hilfeschrei

Im Idealfall lassen sich Konflikte im Team oder im Unternehmen so früh erkennen, dass es zu keiner schweren Ausprägung oder gar Eskalation kommt. Wenn Sie die Körpersprache und damit die nonverbalen Signale Ihrer Kollegen und Mitarbeiter deuten können, wird Ihnen rechtzeitig

56

57

Eine von anderen abgewandte Körperhaltung zeigt, dass die Atmosphäre angespannt ist.

Hängende Gliedmaßen signalisieren Unsicherheit.

auffallen, ob gerade eine angespannte Atmosphäre herrscht oder jemand Hilfe und Unterstützung braucht. Bemerken Sie potenzielle Schwierigkeiten, dann steuern Sie dagegen.

Damit tun Sie sich nicht nur selbst einen Gefallen – man wird Ihnen auch als Problemlöser Respekt zollen. Es gibt eine ganze Reihe deutlicher nonverbaler Signale dafür, dass etwas nicht rundläuft:

◆ Eingefallene oder geschlossene Körperhaltung, von anderen abgewandter Körper [Bild Nr. 56]
◆ Hängende Arme und Schultern, hängende Mundwinkel [Bild Nr. 57]
◆ Nach unten gerichteter Blick, der kaum Blickkontakt zulässt
◆ Leise oder sogar zittrige Stimme
◆ Fahrige Bewegungen
◆ Zusammengepresste Lippen [Bild Nr. 58]
◆ Ausdruckslose Mimik [Bild Nr. 59]
◆ Ablehnende oder abwehrende Gesten, wie der häufige Gebrauch

58

59

Zusammengepresste Lippen können auf Schwierig-keiten hindeuten.

Eine ausdruckslose Mimik ist nicht sympathie-fördernd.

des Zeigefingers, verknotete Finger, aufgestellte Handfläche oder geballte Faust

Deutliche Vokabeln

Doch nicht nur zur Abwendung möglicher Dissonanzen, auch im tägli-chen Miteinander unter Kollegen ist derjenige im Vorteil, der die Kör-persprache der anderen wahrnimmt und zu übersetzen weiß. Auf diese Weise lässt sich das Miteinander konstruktiv gestalten, und auch ge-schäftliche Interaktionen lassen sich verbessern. Die aufschlussreichsten Signale sind:

- Ihr Gegenüber hat den Oberkörper nach vorne gelehnt. Das zeugt von Interesse für Sie oder Ihr Thema. Ein leicht nach vorne geneigter Kopf unterstreicht diese Geste noch [Bild Nr. 60].
- Ihr Gesprächspartner presst die Fingerkuppen aneinander, die Hände sind zu einem Dach geformt. Das ist oft ein Zeichen von Konzentration. Aber Achtung: Machen Sie selbst diese

60

Ein nach vorne geneigter Oberkörper zeugt von Interesse.

61

Das »Spitzdach« kann ein Zeichen von Konzentration sein.

»spitze« Geste nicht zu häufig. Sie wirkt auf Dauer negativ [Bild Nr. 61].

◆ Verschränkte Arme sind eine bequeme, lässige und nachdenkliche Grundhaltung und damit durchaus positiv konnotiert; sie können aber auch Desinteresse, Abwehr und Verschlossenheit zeigen. Achten Sie auf weitere Signale und den Kontext.

◆ Zusammengekniffene Lippen drücken Dissonanz aus. Hier ist jemandem das Thema oder die Situation unangenehm. In einer Art Verweigerungshaltung sagt Ihr Gegenüber ohne Worte: »Ich habe alles gesagt. Ich sage nichts mehr dazu und nehme nichts mehr auf.«

◆ Wer seinen Oberkörper zurücklehnt und die Arme hinter dem Kopf verschränkt, nimmt mehr Raum ein, um quasi sichtbarer zu sein und seine Überlegenheit zu demonstrieren. Diese Körperhaltung kann gerade im Berufsleben Dominanz, Geringschätzung oder Provokation ausdrücken.

◆ Wenn der Gesprächspartner Nervosität, Anspannung oder Aggres-

62

Eine gewisse Unsicherheit drücken manche Menschen mit einem Griff in den Nacken aus.

63

Wer seine Hände in die Hüften stemmt, demonstriert Überlegenheit.

64

Mit den Daumen in der Hosentasche wirkt man sehr leger.

65

Klassisch für Dominanz: den Oberkörper nach vorne neigen und die Hände mit gespreizten Fingern auf den Tisch stützen.

sion abbaut, lässt er im wahrsten Sinne des Wortes Dampf ab. Aufgeblähte Nasenlöcher und das Ausatmen mit aufgeblähten Wangen sind hierfür typische Signale.

- Wer sein Gesicht, den Hals oder Nacken mit den Fingern berührt (Selbstberuhigungsgesten), hat Sorgen oder Angst oder ist angespannt.
- Wer mit der Hand über den Adamsapfel streift, seine Halskuhle berührt oder sich gar energisch an den Hals fasst, will seinem Unbehagen und seiner Unsicherheit beikommen.
- Emotionales Unbehagen oder Zweifel bezüglich der Situation, aber auch Unsicherheit, drücken manche Menschen mit einem Griff in den Nacken aus [Bild Nr. 62].
- Wer seine Arme in die Hüften stemmt, zeigt damit seinen Revieranspruch, demonstriert Überlegenheit. Wenn dabei auch noch die Daumen nach vorne zeigen, ist es ein Signal für Angriff [Bild Nr. 63].
- Wer den Daumen in die Hosentasche steckt, während die anderen Finger dabei nach außen zeigen [Bild Nr. 64], lässt einen niedrigeren Status erkennen oder wirkt sehr leger.
- Beugt sich jemand nach vorne und stützt sich mit gespreizten Fingern auf dem Tisch ab [Bild Nr. 65], ist das eine klassische Geste für Souveränität und Dominanz.
- Ein aufrichtiges, echtes Lächeln ist daran zu erkennen, dass die Mundwinkel nach oben gehen und die Augen mitlachen. Bewegt sich hingegen die Augenpartie kaum, handelt es sich um ein falsches Lächeln.

Special: Aufschlussreiche Aufzugfahrt

Ist ein Büro oder eine Abteilung innerhalb des Unternehmens schon ein Mikrokosmos, der viel Unausgesprochenes zutage fördert, dann ist ein Zusammentreffen mit Kollegen auf noch kleinerem Raum – beispielsweise in einem Fahrstuhl – noch um einiges aufschlussreicher. Der Grund: Ist die Distanz, die wir physisch zu den Menschen um uns herum einnehmen können, eingeschränkt, werden wir automatisch unsicherer. Der natürliche Sicherheitsabstand ist nicht mehr gegeben. Eine

Situation, in der wir deshalb auch unsere Körpersprache weniger im Griff haben und unbewusst mehr über uns verraten. Nutzen Sie also künftig jede Liftfahrt, um so manches über den Grundtypus Ihrer Bürogenossen zu erfahren.

Der Techniker

Dieser Kollege beschäftigt sich während der Liftfahrt ausschließlich mit seinem Mobiltelefon. Angeregt tippt er auf die Tasten oder starrt auf das Display – oft auch nur zum Schein, um direkte Kommunikation zu vermeiden. Dass in Aufzügen in der Regel gar kein Netz zu empfangen ist, ist zweitrangig. Der Techniker gibt sich sehr beschäftigt und will nicht angesprochen werden. Diese nonverbalen Signale entlarven, wie unwohl er sich in dieser Situation fühlt.

Die Schildkröte

Wer im Lift eng die Arme verschränkt und sich sozusagen in sich selbst zurückzieht, verschließt sich gegenüber seiner Umwelt. Diese feste Selbstumarmung macht deutlich, dass im Umfeld dieses Menschen kein Platz für andere ist, auch nicht für einen netten Plausch zwischen vierter Etage und Erdgeschoss. Entweder handelt es sich hierbei um eine Schutzhaltung oder um einen Ausdruck angestauter Aggressivität. So oder so: Versuchen Sie erst gar nicht, mit dieser Person ins Gespräch zu kommen, akzeptieren Sie einfach ihren Rückzug.

Der Soldat

Bauch rein, Brust raus – das ist bei diesem Typus die oberste Regel. Er steht kerzengerade im Aufzug, hat die Hände fest am Körper anliegen und den Rücken vorzugsweise an der Wand. Der Blick geht geradeaus, er lässt sich von den ein- und aussteigenden Menschen nicht ablenken. Trotzdem registriert er alles um sich herum genau. Diese Körperhaltung verrät großes Selbstbewusstsein und ein starkes Kontrollbedürfnis. Während sich dieser Typus selber wenig Raum gönnt, überzeugt er im Berufsalltag allgemein durch Loyalität und Disziplin – allerdings weniger durch Geselligkeit.

Der Sekundenzähler

Hände in den Hosentaschen, das wirkt auf den ersten Blick lässig. Bewegt der Kollege dabei jedoch die Finger unruhig in den Hosentaschen, dann könnte es auch ein Zeichen von Ungeduld und Stress sein. Dieser Mensch zählt förmlich die Sekunden, bis sich die Aufzugtür endlich wieder öffnet. Manchmal starrt er während der gesamten Fahrt auf seine Schuhe oder an die Decke. Was für Außenstehende möglicherweise cool wirkt, zeigt eigentlich nur, dass hier jemand nicht weiß, wohin mit seiner Nervosität.

Das Opfer

Vor allem Frauen pressen gern Bücher, Aktenmappen oder Ordner an ihren Oberkörper, sobald sie nicht mehr allein im Lift stehen. Dazu verschränkte Beine und fertig ist die typische Schutzhaltung. Bei Männern ist es die klassische Freistoß-Pose, bei der die Hände in Hüfthöhe vor dem Körper zusammengehalten werden. Mit dieser Körperhaltung degradiert man sich leicht selbst zum Opfertypus.

Der Professor

Wie ein zerstreuter Professor wirkt ein Kollege, der sich fahrig benimmt, undeutlich artikuliert oder wirre Selbstgespräche führt. Die Mitfahrer im Lift erfahren Bruchstücke davon, was er noch erledigen wollte, wen er noch anrufen muss, was er nach Feierabend und am Wochenende macht und was auf seiner Einkaufsliste steht. Dieser eher harmlose Kollege ist nett, kann aber durch seine Unkonzentriertheit auch anstrengend sein.

Der Vize

Dieser Kollege markiert den Aufzug deutlich als sein Revier und stellt sich in die Mitte oder noch besser: direkt vor die Türe. Mit diesem klaren Territorialverhalten zeigt er, dass er »seinen« Raum vermeintlichen Eindringlingen gegenüber am liebsten abschirmen würde. Ganz selbstverständlich, mit breiten Schultern und bodenständigem Habitus, übernimmt er die Machtposition während dieser Liftfahrt. Er will den Ton angeben und die Knöpfe drücken. Im Betrieb wäre er gern der Boss.

Der Pfau

Ein drängelnder Kollege, der erst die Fahrstuhlknöpfe mit seinem ganzen Körper abschirmt und sich dann wortlos an allen vorbeischiebt, hält die anderen mit seiner Körpersprache deutlich auf Distanz und gebärdet sich als Alphatier. Seine stolzgeschwellte Brust und der erhobene Kopf sind typische Insignien. Er will zeigen, wie wichtig seine Rolle ist, dass er dringend erwartet wird und seine Zeit knapp bemessen ist. Ein Kollege mit einem tendenziell eitlen Wesen, der sich gern inszeniert.

Der Macher

Der Macher lehnt sich an die Aufzugswand, obwohl er weder müde noch erschöpft ist. Vielmehr unterstreicht er mit dieser demonstrativen Lässigkeit sehr deutlich seine Überlegenheit, die er den Mitfahrern gegenüber empfindet. Meistens hat dieser Typus in der Firma tatsächlich etwas zu melden. Er ist sich dessen bewusst, dass ohne ihn nichts vorwärtsgeht, und schaut den anderen gelassen bei ihrem Tun zu. Er besitzt Macht, ohne diese zur Schau stellen zu müssen.

Männliche und weibliche Körpersprache

Der berühmte kleine Unterschied zwischen Mann und Frau macht sich fast überall bemerkbar – auch im Berufsleben. Während die Geschlechterteilung in vielen Alltagsbereichen längst kein Grund mehr für Konflikte ist (oder sein sollte), enthält die Unterscheidung zwischen »starkem« und »schwachem« Geschlecht in Job und Karriere nach wie vor einiges an Problempotenzial. Schließlich zählen hier nicht die Gene, sondern andere Faktoren. Frauen wird häufig weniger Kompetenz zugesprochen als ihren männlichen Kollegen in vergleichbaren Positionen. Ihnen wird weniger Durchsetzungsvermögen zugetraut, dafür mehr Unentschlossenheit bei Entscheidungen.

Das sind überwiegend Relikte archaischen Denkens, die sich zum Leidwesen der Frauen hartnäckig halten. Zum Teil sind diese Stereotype aber auch das Ergebnis unterschiedlicher Körpersprache. Anders ausgedrückt: Sowohl Männer als auch Frauen senden im Berufsalltag oft jene nonverbalen Signale, die geschlechtsspezifisch von ihnen erwartet werden. Sie bestätigen auf diese Weise unbewusst die klassische Rollenverteilung. Dabei kann mit der eigenen Körpersprache jeder seine individuelle Rolle definieren und überholte Rollenbilder ersetzen.

Typisch männliche Körpersprache

Männer gebärden sich eher dominant und aggressiv, sie preschen voran und tragen ihr Durchsetzungsvermögen und ihr Selbstbewusstsein offen zur Schau. Um das zu demonstrieren, neigen sie zu ausladenden Gesten und beanspruchen einen großen Raum für sich. Kurzum: Männer dehnen sich eher aus. Mit gespreizten Armen, breitbeiniger Sitzhaltung oder einer einnehmenden Standposition wirken sie entschieden und präsent. Männer stellen sich frontal vor ein Publikum und stemmen die Hände in die Seite. Oder sie wirken mit vorgewölbtem Brustkorb und verschränkten Armen auf andere bewusst einschüchternd.

Nicht ohne Grund erinnern all diese Gesten an das Balzverhalten in der Tierwelt, wo es darum geht, das eigene Revier zu markieren und Stärke zu demonstrieren. Durch eine aufrechte Körperhaltung, sichtbare Hände und einen festen Händedruck wollen Männer einen durchsetzungsstarken und selbstbewussten Eindruck vermitteln. Bei der Begrüßung halten sie die Hand oft sehr fest und lang gedrückt oder drängen dabei in eine bestimmte Richtung – eine Art Kräftemessen. Sie signalisieren ihren Machtanspruch auch gerne dadurch, dass sie ihre Hand an den Unterarm ihres Gegenübers legen.

Aus demselben Grund verletzen Männer gelegentlich die persönliche Distanzzone des anderen, indem sie einen Großteil des Raumes ganz selbstverständlich in Besitz nehmen. Auch dem Gesprächspartner mit einem mechanischen Lächeln und reduziertem Blickkontakt zu begegnen, ist eine Machtgeste mit der Botschaft: »Ich lasse dir gerade mal so viel Aufmerksamkeit zukommen, wie nötig ist oder wie es die Höflichkeit erfordert.«

Doch nicht nur diese typischen Alphatier-Signale gehören zu den männlichen Körpersprachevokabeln; auch unterwürfige Gesten werden – wenngleich weit seltener – eingesetzt und sind sehr aufschlussreich. Beispielsweise offenbaren eine gebeugte Körperhaltung und ein fehlender Blickkontakt zum Gesprächspartner Untertänigkeit, Selbstverleugnung oder Unzulänglichkeit.

Körpersprachetipps für Männer

Mit folgenden Tipps gewinnen Sie:

◆ Ein anhaltender Blickkontakt mit freundlicher Mimik und offener Körperhaltung ist ein Zeichen für den Wunsch nach Kontaktaufnahme und kommunikativem Austausch – lassen Sie es zu.

- Beim Händeschütteln sollten Sie auf einen »Würgegriff« verzichten, also weder quetschen noch allzu impulsiv drücken.
- Vermeiden Sie Hände in den Hosentaschen, vor allem bei der Begrüßung ist das alles andere als charmant. Und selbst wenn Sie sich als Feldherr der Firma fühlen: Die »Napoleon-Haltung« ist nicht gerade empfehlenswert. Damit wirken Sie vor allem überheblich.
- Tragen Sie Ihr Kinn nicht allzu hoch.
- Vermeiden Sie eine breitbeinige Sitzhaltung und verschränken Sie auch nicht die Hände hinter Ihrem Kopf.
- Legen Sie nicht ein Bein auf dem anderen Knie ab. Eine nackte Wade ist weder elegant, noch trägt sie zu einer souveränen Haltung bei.

Typisch weibliche Körpersprache

Ebenso wie Männer bestätigen auch viele Frauen meist unbewusst durch ihre nonverbalen Signale die ihnen zugeschriebenen Rollenbilder. Allerdings tendieren sie viel häufiger zu unterwürfigen Gesten. Besonders in Stresssituationen neigen Frauen dazu, sich zurückzuziehen. Weibliche Körpersprache strahlt eher Kompromiss- als Konfliktbereitschaft aus. Sowohl im Stehen als auch im Sitzen überschlagen oder kreuzen Frauen gern die Beine. Das mag zwar oftmals dem Outfit geschuldet sein und wirkt elegant, gleichzeitig aber zurückhaltend und schutzbedürftig. Eine Art Hilfsbedürftigkeit signalisieren Frauen unbewusst auch dadurch, dass sie die Bauchschutzhaltung einnehmen oder mit einer Hand über den Bauchbereich greifen und sich am anderen Arm festhalten [Bild Nr. 66]. Abgeknickte Handgelenke und ein schwacher Händedruck werden grundsätzlich als Zeichen von Schwäche und mangelndem Selbstvertrauen interpretiert.

Generell wirken weibliche Gesten, auch im Berufsleben, eher weich und unentschlossen. Zu den typisch weiblichen Körpersprachevokabeln gehören außerdem eine eingeknickte Hüfte [Bild Nr. 67], ein schräg gehaltener Kopf und verborgene Hände. Diese Gesten sind allesamt Schutzhaltungen und drücken Ängstlichkeit und unbewusste Unterwürfigkeit aus. Je stärker die Unsicherheit ist, desto häufiger kommen Verlegenheitsgesten wie das Spielen mit der Halskette, das Berühren der Halskuhle oder das Drehen an den Haaren dazu.

66

Die Bauchschutzhaltung lässt Sie hilfsbedürftig wirken.

67

Mit dieser Schutzhaltung drücken Sie Unterwürfigkeit aus.

68

Wollen Sie einen Vorschlag nicht annehmen oder sich nicht unterbrechen lassen, wirkt das Stoppschild.

Die Krux mit der Stimme

Ein häufiges Problem von Frauen ist der Einsatz ihrer Stimme. Frauen nutzen lediglich 70 Prozent ihres Stimmvolumens und sind deshalb ohnehin meist leiser und zurückhaltender als Männer. Hinzu kommt, dass die weibliche Stimme höher wird, wenn ihre Besitzerin wütend, aufgeregt oder unsicher ist. Wer darum als Frau versucht, über die Stimme Durchsetzungsvermögen zu demonstrieren, wird gern als »hysterisch« abgestempelt.

Achten Sie bewusst auf eine tiefere Stimmlage, denn damit wird Ihnen mehr Kompetenz zugetraut. Aber wie lässt sich die richtige Stimmlage finden? Dafür gibt es eine gute Übung: Stellen Sie sich vor, Sie sitzen vor Ihrer Lieblingsspeise und sagen genussvoll »Mmmhhh«. Und genau in dieser Tonlage sprechen Sie weiter. Auch wenn sie Ihnen selbst zu tief vorkommt: Mit dieser Stimmlage wirken Sie souverän.

Körpersprachetipps für Frauen

Mit den folgenden Tipps gewinnen Sie:

- Bereiten Sie sich auf schwierige Situationen oder Gespräche mental vor. Spielen Sie die Szene vor Ihrem geistigen Auge durch. Überlegen Sie, wie Sie die Lage souverän und erfolgreich meistern.
- Sprechen Sie langsam und deutlich. Nehmen Sie sich genügend Zeit, Ihre Meinung mit ruhiger und möglichst tiefer Stimme kundzutun.
- Nehmen Sie sich Raum. In Meetings, an Ihrem Schreibtisch oder gegenüber Ihren Chefs und Kollegen dürfen Sie bei passender Gelegenheit auch mal den »Platzhirsch« geben.
- Erden Sie sich im Sitzen. Stellen Sie Ihre Beine parallel nebeneinander, anstatt sie zu überschlagen.
- Erden Sie sich im Stehen. Verteilen Sie Ihr Gewicht gleichmäßig auf beide Beine.
- Wenn Sie unterbrochen werden, lassen Sie sich weder aus der Ruhe noch aus dem Konzept bringen. Fixieren Sie den Störer, heben Sie die Handfläche zu einem Stoppschild [Bild Nr. 68] und sprechen Sie souverän weiter, denn nach wie vor sind Sie am Zug.
- Demonstrieren Sie Selbstbewusstsein, indem Sie Kopf und Wirbelsäule gerade halten. Zeigen Sie im wahrsten Sinn des Wortes Rückgrat.
- Beugen Sie sich im Sitzen leicht nach vorne, um Präsenz und Interesse zu zeigen.
- Legen Sie Ihre Arme links und rechts von Ihrem Körper auf dem Tisch ab und markieren Sie Ihr Territorium.
- Verinnerlichen Sie Ihre selbstbewusste Einstellung. Das ist der Garant für eine überzeugende Körpersprache.
- Schulen Sie nicht nur Ihre Stimme, sondern auch die Atmung, mit aufrechter Kopfhaltung und geraden Schultern. Und immer in den Bauch hineinatmen!
- Signalisieren Sie zu jeder Gelegenheit Selbstsicherheit, Kompetenz und Professionalität. Bleiben Sie ernst, wenn Sie Ihr Anliegen vertreten. Stehen Sie aufrecht und knicken Sie nicht in der Hüfte ein.
- Sie müssen nicht »everybody's darling« sein. Sie wollen Respekt. Respekt bringt Ihnen im Berufsleben mehr als der Ruf der netten, aber harmlosen Kollegin.

◆ Neben Ihrer Leistung kommt es auch darauf an, wahrgenommen zu werden – Ihre Körpersprache sorgt dafür!

Ein Plädoyer für weibliche Körpersprache

Es ist ein Teufelskreis: Männern werden Eigenschaften wie Entscheidungsfreude, Autorität und Stärke zugeschrieben; Frauen hingegen sollen sich mit Wärme, Freundlichkeit und Güte begnügen. Wenn eine Frau im Berufsleben dieses weibliche Stereotyp verletzt und sich dominant statt nett zeigt, bricht sie kulturelle Regeln. Bleibt sie aber bei ihren vermeintlich weiblichen Eigenschaften, wird sie als weniger kompetent und fähig wahrgenommen als ihre männlichen Kollegen.

Männer drängeln, stoßen und schubsen eher und fassen andere Menschen wesentlich selbstverständlicher an – interpretiert wird das als Durchsetzungsfähigkeit und Stärke. Wenn Frauen ein solches Verhalten zeigen, werden sie gern als ruppig, maskulin oder machtgierig abgestempelt. Dass Frauen bei gleicher Qualifikation noch immer niedrigere Positionen innehaben und schlechter bezahlt werden als ihre männlichen Kollegen, ist eine Tatsache. Dass sie bei Beförderungen eher übergangen werden als die Herren und sie beim beruflichen Aufstieg größere Schwierigkeiten zu überwinden haben, ebenso.

Obwohl sich inzwischen in vielen Unternehmen doch einiges verändert hat, ist das zarte Geschlecht in den Chefetagen nach wie vor kaum vertreten. Zwar stehen Frauen ihren männlichen Kollegen in Sachen Entscheidungs- und Leistungsfähigkeit und Qualifikation in nichts nach. Dennoch sind sie in Führungsrollen deutlich unterrepräsentiert. Und wirkliche Akzeptanz müssen sie sich in der Männerdomäne ohnehin noch (manchmal sehr hart) erkämpfen.

Harte Schale – weicher Kern

Die Lösung für dieses Dilemma: Wenn Frauen die männlichen Businessspielregeln durchschauen, können sie sich auf Erfolgskurs bringen und unternehmensinterne Machtspiele mit gezieltem Blick- und Körpereinsatz bewusst und strategisch für sich nutzen. Die Grundregel lautet: Eine erfolgreiche Haltung entsteht im Kopf, der die entsprechenden Befehle dann an den Körper sendet.

Folgende ganz normale Alltagssituation macht den Unterschied zwischen weiblicher und männlicher Körpersprache im Beruf recht deutlich. Ein männlicher Vorgesetzter legt seinem Mitarbeiter einen Aktenstapel vor und sagt: »Erledigen Sie das bis morgen!« Die Aufforderung ist klar: Der Stapel ist schnellstmöglich abzuarbeiten. Nonverbal unterstützt der Vorgesetzte seine Anweisung mit dem Zeigefinger, mit dem er auf den Stapel deutet. Er gibt die Order ohne Lächeln, seine verbale und seine nonverbale Sprache sind dominant.

Eine Frau wird ihr Anliegen vermutlich eher wie eine Bitte beziehungsweise Frage vorbringen: »Könnten Sie das bitte bis morgen erledigen?« Ihre nach oben geöffneten Handflächen werden die freundliche Anfrage unterstützen. Doch welche Botschaft kommt bei dem beauftragten Mitarbeiter wahrscheinlich an? Genau: Der Auftrag ist nicht so dringend, er kann warten.

Der richtige Einsatz von Körpersprache im Beruf ist also gerade für Frauen essenziell. Neben Fachkompetenz, Autorität und Redegewandtheit gehört das nonverbale Verhalten zu den Hauptaspekten eines erfolgreichen beruflichen Werdegangs. Wer Gestik und Mimik richtig einsetzt, bringt es weiter.

Doch sich als Frau zu behaupten und sich sozusagen »untypisch« zu verhalten, stellt für viele ein Problem dar. So manche Körperhaltung, die für einen Mann selbstverständlich ist (sich breitbeinig aufstellen, Arme in die Hüfte stemmen usw.), würde eine Frau einfach nicht einnehmen. Wer den beruflichen Aufstieg plant, sollte jedoch unbedingt behutsam und zielorientiert an der eigenen Kommunikationskompetenz arbeiten – und eine eigene, überzeugende Körpersprache entwickeln.

Genetisch bedingt?

Schon die Biologie sorgt dafür, dass die Differenz zwischen Männern und Frauen auch in ihrem Auftreten deutlich wird: Männer sind meist größer und besitzen mehr Masse, verfügen über eine lautere Stimme und zeigen von Natur aus mehr Präsenz. Kein Wunder, wenn Frauen das Gefühl haben, sich mit ihrer physischen Präsenz schwerer behaupten zu können.

Hinzu kommt der Faktor Erziehung in unserer Gesellschaft: Die meisten Mädchen werden (immer noch) von klein auf dazu erzogen, freundlich zu lächeln, zu nicken und einfach immer lieb zu sein. Für Frauen können sich solche antrainierten Reflexe im Berufsleben später als sehr hinderlich erweisen. Das Gleiche gilt für weibliche Rollenstereotype, auf die Mädchen und junge Frauen während ihrer Entwicklung geschult werden: Wenn sie sich fügen, werden sie belohnt und in ihrem Verhalten bestärkt. Wenn sie davon abweichen, wird das sanktioniert. Diese nonverbalen geschlechtsspezifischen Verhaltensweisen und Interaktionen werden noch dadurch verstärkt, dass identisches Verhalten je nach Geschlecht unterschiedlich interpretiert wird.

Finden Sie Ihren eigenen Stil

Wie soll nun eine optimale weibliche und erfolgreiche Körpersprache aussehen, die nicht nur Kompetenz, sondern auch Sympathie vermittelt? Eine Patentlösung gibt es nicht. Jeder Mensch – ob Frau oder Mann – muss seinen eigenen nonverbalen Sprachstil finden. Als Frau im Job einfach männliche Gesten und Verhaltensweisen zu adaptieren, führt nicht zum Ziel – die Wirkungsweise maskuliner Körpersprache zu durchschauen, jedoch schon. Wer als Frau diese Mechanismen in reduzierter Form und in Maßen nutzt, um die individuelle Körpersprache etwas männlicher zu färben, ist auf einem guten Weg, die eigene Stärke direkter und deutlicher zu demonstrieren und trotzdem eine vorteilhafte weibliche Wirkung zu behalten.

Gleiches Auftreten – unterschiedliche Wirkung

Ein Beispiel: Eine kräftige Stimme wird bei Männern grundsätzlich positiv bewertet, bei Frauen hingegen negativ. Denken Sie nur an die laute maskuline Stimme von Andrea Nahles, die sie in den Wahlkampfschlachten intensiv einsetzt. Wenn Frauen sich in ihrem Sprachverhalten bescheiden und unauffällig geben, wird das hingegen akzeptiert und gutgeheißen. Das Ergebnis: Gesprächserfolge werden von vornherein den Männern zugestanden.

Der untergeordnete Status von Frauen wird durch solche Vorstellungen bestätigt. Tritt eine Frau aus diesem Modus heraus und übernimmt ein männliches kommunikatives Verhalten, ist das keineswegs ein Erfolgsgarant. Dass erfolgreiche Frauen oft männlich wirken, hat also eine Ursache. Männliche Stereotype werden automatisch auf weibliche Führungskräfte übertragen. Schnell gelten sie als unbescheiden, machthungrig und selbstsüchtig.

Wer dieser Zuschreibung entgehen will, sollte sich eines klarmachen: Der große Unterschied liegt weniger im unterschiedlichen Verhalten als vielmehr in der Art und Weise, wie Männer und Frauen wahrgenommen werden. In einer Studie konnte eine US-amerikanische Professorin für Psychologie nachweisen, dass Probanden mit gleichem Background, gleicher Handlung und in gleicher Situation unterschiedlich bewertet wurden: die Männer eher positiv, die Frauen eher negativ. Unternehmerinnen wurde zwar zugestanden, ebenso kompetent und effektiv zu sein wie ihre männlichen Kollegen. Gleichzeitig wurde ihnen jedoch mangelnde Authentizität, fehlende Bescheidenheit, Dominanz, Unfreundlichkeit, Machthunger, Eigeninteresse und Verschlagenheit zugeschrieben.

Nonverbal punkten: kleine Tricks für Mann und Frau

Körpersprache ist nicht nur geschlechtsspezifisch, sondern auch typabhängig. In geschäftlichen Situationen, in denen Frauen mit Männern konkurrieren, bringt der Einsatz der richtigen Körpersprache und Körperhaltung gravierende Vor- oder eben Nachteile. Frauen wie Männer können von »typischen« Signalen des anderen Geschlechts lernen und davon profitieren.

So kommen Sie als Frau stärker rüber

Je selbstverständlicher Sie die Anregungen umsetzen, umso wirksamer sind sie:

◆ Harmoniestreben ist im Berufsleben nicht immer angesagt. Wettbewerb belebt bekanntlich das Geschäft. Gehen Sie also der Konkurrenz nicht aus dem Weg, sondern stellen Sie sich der Herausforderung – und gewinnen Sie Spaß daran.

◆ Unterschätzen Sie sich nicht, glauben Sie an Ihre Fähigkeiten und tragen Sie das auch nach außen. Suggerieren Sie Ihrem Umfeld, dass Sie der geborene Erfolgsmensch sind. Zeigen Sie immer wieder Ihr Durchsetzungsvermögen. Bescheidenheit und Zurückhaltung haben in der Firma nichts verloren, vor allem dann nicht, wenn Sie die Karriereleiter hochsteigen möchten. Bleiben Sie dennoch immer taktvoll.

◆ Statusunterschiede sollten Sie beflügeln und motivieren, ja geradezu antreiben. Im Unternehmen geht es nicht um ausgeglichene Rollenverhältnisse. Ein gerader, offener Blick, der auch einen Moment des Schweigens erträgt, gibt Ihnen Stärke. Die Aufmerksamkeit Ihres Gegenübers dürfte Ihnen damit sicher sein.

◆ Kopf immer gerade halten – das ist neutral. Zwar signalisiert ein geneigter Kopf dem Gesprächspartner, dass Sie konzentriert und interessiert zuhören. Allerdings kann eine solche Haltung auch als Zeichen von Unterwürfigkeit gedeutet werden.

◆ Kopf hoch, Brust raus. Ihre selbstbewusste Körperhaltung beeinflusst Ihr Denken und Handeln. In Situationen, in denen Sie sich lieber verkriechen würden, sollte Ihre Haltung noch souveräner sein.

◆ Sprechen Sie mit tiefer Stimme, die Sie am Ende des Satzes senken. Lehnen Sie sich beim Sprechen zurück und positionieren Sie sich nicht zu schmal. Beanspruchen Sie ausreichend Platz für Ihr Arbeitsmaterial.

◆ Vermeiden Sie jegliche Unterwerfungsrituale. Zeigen Sie sich in Gesprächen dominanter, reden Sie mehr, setzen Sie Ihre relevanten Themen durch. Beginnen Sie Ihre Redebeiträge ohne Fragen oder Anschlusswendungen und sprechen Sie ohne Konjunktiv. Wenn Sie Ihre Entscheidungen oder Ansichten verkünden, halten Sie standhaft Augenkontakt, geben Sie auf keinen Fall Ihre Autorität auf.

◆ Verringern Sie Ihre Hemmschwelle, andere Menschen dezent anzufassen. Eine Berührung ist auch Ausdruck Ihrer Macht und verleiht Ihren Worten Nachdruck. Legen Sie Ihre Hand auf den Arm oder die Schulter [Bild Nr. 69] des Kollegen. Sie werden staunen, wie sich Ihr Gegenüber dadurch verändert.

◆ Sie sind kein junges Mädchen, also vermeiden Sie Gesten wie Hände reiben, Arme verschränken, Nacken massieren oder mit Schmuck spielen. Damit senden Sie die falschen Botschaften und erscheinen unsicher und inkompetent.

◆ Freundlichkeit? Ja, jedoch in Maßen, damit sie nicht zum beruflichen Stolperstein wird. Lächeln Sie – aber nicht zu häufig. Gerade bei ernsten Themen, in Entscheidungssituationen oder bei Diskussionen sollten Sie ein Honigkuchengrinsen vermeiden. Auch ein freundlicher Gesichtsausdruck sollte immer der Situation angemessen sein.

69

Eine Berührung auf der Schulter wirkt dominant.

◆ Männer kommunizieren in Hierarchien. Sie achten darauf, wer länger spricht, wer wem ins Wort fällt und wer aufmerksam ist. Nutzen Sie solche Kommunikationssituationen, um sich zu profilieren.

So beweisen Sie als Mann mehr Einfühlungsvermögen

Oft ist es nur Gedankenlosigkeit. Gerade dann sind die Denkanstöße hilfreich:

◆ Frauen punkten hinsichtlich eines respektvollen Umgangs, besitzen eine Fähigkeit zur Empathie, reagieren sensibel auf sich verändernde Situationen und haben kaum Schwierigkeiten, sich gefühlsmäßig rasch auf einen Gesprächspartner einzustellen. Nehmen Sie sich daran ein Beispiel.

◆ Jede Form des sich Zurücknehmens, ob über Haltung, Gestik oder Mimik, signalisiert einen freiwilligen Verzicht auf Konkurrenzverhalten. Damit signalisieren Sie Frauen Ihre Anerkennung. Auch das kann eine geeignete Strategie im Berufsleben sein.

◆ Vermeiden Sie Missverständnisse in der Kommunikation mit Frauen. Wenn Sie einer Kollegin mit verschränkten Armen und abgewandtem Gesicht begegnen, wirkt das irritierend auf sie. Frauen deuten diese Signale als Abwehrhaltung, selbst wenn Sie vielleicht gerade aufmerksam und konzentriert zuhören. Geben Sie Ihrem weiblichen Gegenüber Feedback, und das immer auch durch Ihre Körperhaltung.

◆ Bemühen Sie sich um einen aktiven Gesichtsausdruck, erwidern Sie ruhig auch mal ein Lächeln. Und schauen Sie gelassen in die Runde, statt eine einzelne Frau anzustarren.

Special: Kleider machen Leute

Der erste Eindruck zählt – und der zweite ist mindestens ebenso wichtig. Ihr beruflicher Erfolg definiert sich nicht nur über jene Fähigkeiten, die Sie tatsächlich besitzen, sondern auch über jene, die andere Ihnen zuschreiben. Das bedeutet: Betreiben Sie aktiv und nachhaltig Selbstmarketing.

Sie sind gut? Dann zeigen Sie das auch, sowohl durch Ihre Körpersprache als auch durch Ihr äußeres Erscheinungsbild. Natürlich hat Ihre Kleidung immer eine bestimmte Wirkung auf andere. Im Geschäftsleben spielt das Outfit jedoch eine noch viel wichtigere Rolle. Hier laufen zwischenmenschliche Begegnungen sehr viel oberflächlicher ab. Es besteht kaum Zeit, den Menschen »dahinter« kennenzulernen. Ihr Auftreten und damit auch Ihr Outfit muss also auf den ersten Blick das vermitteln, was Sie darstellen wollen.

Um Ihre Persönlichkeit und Individualität zu unterstreichen, müssen Sie sich in Ihrer Kleidung natürlich wohlfühlen. Das ist am ehesten der Fall, wenn Sie auch in puncto Outfit stimmig bleiben. Wer die harte Business-Lady oder den coolen Draufgänger mimt, obwohl sie/er in Wirklichkeit eher zurückhaltend und introvertiert ist, wirkt schnell unglaubwürdig.

Business-Dresscode für Frauen

Bei Frauen zählen Schmuck und Make-up ebenso zur Ausdrucksform wie die Kleidung selbst. Das Make-up sollte gepflegt, alltagstauglich, typgerecht und dezent sein. Schmuck darf dekorativ, aber nicht aufdringlich wirken.

Halten Sie sich an einen klaren Business-Codex. Tragen Sie Kleidung, die Ihrem Status im Unternehmen angemessen ist und ein stilsicheres Maß an Qualität und Funktionalität zeigt. Absolute No-Gos sind zu kurze Röcke, tiefe Dekolletés, durchsichtige oder extrem figurbetonte Oberteile, Tops mit Spaghettiträgern. Und für Karrierefrauen gilt auch bei 30 Grad im Schatten: Schultern bedecken und Strümpfe tragen.

Denken Sie daran: Sie wollen im Betrieb nicht als wandelnder Kleiderständer ohne Kompetenzpotenzial wahrgenommen werden. Überlegen Sie, welche Signale Sie über Ihre Kleidung und Ihr Auftreten aussenden, welche Botschaften Sie vermitteln wollen und ob diese Botschaften auch jederzeit richtig verstanden werden. Passen Sie Ihre Kleidung der jeweiligen Situation an, um zu zeigen, dass Sie sich deren Wichtigkeit bewusst sind. Damit demonstrieren Sie Respekt dem Gesprächspartner gegenüber.

Business-Dresscode für Männer

Die Wahl der Kleidung beeinflusst, wenn auch subtiler, die Körpersprache von Männern. Ein Mann im Business-Outfit – also mit Anzug, Hemd, Krawatte und elegantem Schuhwerk – verhält sich automatisch seriöser und achtet stärker auf sein Benehmen. Gerade in höheren Führungsebenen wird großer Wert auf den Einklang von Auftreten, Aussage, Kleidung und Körpersprache gelegt. Schon wenn ein Teil nicht passt, wird das vom Umfeld negativ registriert. Dass Hawaiihemd, Jogginghose und Basecap ein anderes und eher unerwünschtes Verhalten hervorrufen, liegt auf der Hand. Auf der anderen Seite sind teure Uhren und auffällige Manschettenknöpfe Statussymbole, die Markendenken, aber auch Macht und Kompetenz vermitteln.

Auf den Punkt: Die 10 wichtigsten Tipps für den optimalen Umgang mit Kollegen

1. Wie du mir, so ich dir! Wie fast überall gilt diese Regel auch im Büroalltag. Wer sich von seinen Kollegen also ein bestimmtes Verhalten wünscht, sollte mit bestem Beispiel vorangehen.

2. Nonverbales Miteinander! Die Bereitschaft zu echtem Teamwork äußert man vor allem ohne Worte. Durch ehrliches Interesse, aktives Zuhören und eine offene Haltung.

3. Abstand halten! Trotz Teamwork braucht jeder auch mal (Arbeits-)Zeit für sich. Wer Distanzbedürfnisse erkennt und beachtet, kann definitiv punkten.

4. Locker bleiben! Wer viel Zeit miteinander verbringt, kann auch mal aneinandergeraten. Entspannt bleiben ist dann oberstes Gebot – auch in puncto Körpersprache. Drohgesten etc. haben zwischen Kollegen nichts zu suchen.

5. Versöhnliche Körpersprache! Um in Konfliktsituationen die Wogen zu glätten, sollten vielmehr versöhnliche Gesten wie offene Handflächen, ein ehrliches Lächeln oder ausgebreitete Arme zum Einsatz kommen.

6. Auf Augenhöhe! Nicht nur sinnbildlich, sondern tatsächlich ist ein Austausch auf Augenhöhe immer die beste Basis. Das heißt: Beide Gesprächspartner sitzen oder stehen.

7. Meeting-Miteinander: Werden Sie in Meetings zum Teil der Gruppe. Machen Sie sich weder zum heimlichen Boss noch zum Handlanger – auch in Sachen Körpersprache. Besser: Schwingen Sie nonverbal mit der Gruppe mit.

8. Zauberwort Empathie! Je mehr Sie auf Signale Ihrer Kollegen achten, desto mehr können Sie Rücksicht auf Stimmungen etc. nehmen und Sympathiepunkte sammeln.

9. Kollegen vs. Kolleginnen! Männer und Frauen tendieren gerne mal zu gendertypischer Körpersprache. Gerade im Job sollten Männer jedoch nicht zu dominant und bossy auftreten und Frauen nicht zu schüchtern und unterwürfig.

10. Wohlfühl-Outfit! Je wohler Sie sich in Ihrer Haut und Ihrem Outfit fühlen, umso natürlicher und selbstbewusster ist Ihre Körpersprache. Aber nicht vergessen: Bürokleidung sollte immer angemessen sein.

4. Körpersprache bei Präsentationen

Zeit wird in unserer schnelllebigen Berufswelt mehr und mehr zum kostbaren Gut. Termine müssen eingehalten und Wettbewerber überholt werden. Und sowieso möchte jedes Unternehmen den anderen gern immer einen Schritt voraus sein. Die Folge: Maximale Effizienz ist gefragt, und das gilt auch für Präsentationen. Langatmige Ausführungen oder endlose Demonstrationen sind schlicht und einfach nicht mehr zeitgemäß. Wer heute mit seinen Präsentationen erfolgreich sein möchte, muss schnell auf den Punkt kommen und sein Publikum in kurzer Zeit überzeugen.

Wie muss die perfekte Präsentation also aussehen? Klar strukturiert und verständlich. Konzentriert auf die entscheidenden Informationen. Und vor allem eins: beeindruckend. Denn nur das, was Zuhörer und Entscheider in dieser kurzen Zeit zu fesseln vermag, wird sie auch überzeugen. Und was macht eine Präsentation beeindruckend? Natürlich zu einem großen Teil ein innovatives Produkt, eine kreative Idee oder ein durchschlagendes Konzept.

Doch das »Wie« ist auch in diesem Fall wichtiger als das »Was«. Wirken Sie bei Ihrer Präsentation nicht gut, dann begeistern Sie auch nicht mit Ihren Produkten und Services. Nur wer gut wirkt, wird auch gesehen, gehört und verstanden. Und was gehört zu dem erwähnten »Wie«? Natürlich die Präsentation selbst, die technisch und optisch perfekt und so kreativ und unterhaltsam wie möglich sein sollte. Aber vor allem ist Ihre nonverbale Performance relevant. Nicht von ungefähr bieten immer mehr Firmen ihren Mitarbeitern entsprechende Seminare an. Es lohnt sich also, ebenso viel Augenmerk auf die eigene Körpersprache zu legen wie auf das Layout und den Inhalt der Präsentationscharts.

Von Beginn an überzeugen

Bei einem Vortrag senden Sie durch Ihre Mimik, Gestik, Haltung und Stimme permanent Botschaften an die Zuhörer – meistens geschieht das unbewusst. Leider achten viele Redner überhaupt nicht auf diese wichtigen Aspekte. Und das sieht dann so aus: Der Vortragende verschanzt sich hinter dem Rednerpult, klammert sich daran fest wie an einem sinkenden Schiff, blickt die meiste Zeit in sein Manuskript und murmelt monoton in sein Mikro hinein – er macht also so ziemlich alles falsch. Schließlich hat die Art und Weise, wie wir auftreten, wie wir uns bewegen, auf Kommentare reagieren, die Zuhörer ansehen und mit ihnen in Interaktion treten, mehr Gewicht als die Inhalte, die wir vortragen. Um eine Präsentation auch auf nonverbaler Ebene optimal zu beginnen und sofort einen Draht zum Publikum herzustellen, gehen Sie am besten wie folgt vor:

1. Noch vor Ihrem Auftritt machen Sie eine Übung. Stellen Sie sich vor, Sie würden ein normales Gespräch mit einer Ihnen bereits bekannten Person führen. Sprechen, gehen und gestikulieren Sie mit Engagement und Begeisterung so, als würden Sie einen Freund oder Kollegen von etwas überzeugen wollen.

2. Verbannen Sie negative Szenarien aus Ihrem Kopf und programmieren Sie sich mental auf Erfolg. Sagen Sie sich innerlich: »Ich werde einen guten Vortrag halten. Ich gewinne die Zuhörer. Ich kann es. Ich bin gut vorbereitet. Ich werde langsam sprechen und die Zuhörer anschauen. Mit meinen Gesten werde ich meine Worte unterstreichen.« Visualisieren Sie im Detail, worauf Sie achten werden. Spielen Sie die wichtigsten Punkte noch einmal in Ihrem Kopf durch und freuen Sie sich, dass Sie gleich die Chance bekommen, Ihr Wissen kompetent weiterzugeben. Diese Vorbereitung sollten Sie sich wie ein Ritual zur Gewohnheit machen, ähnlich wie es Spitzensportler tun.

3. Gehen Sie mit Elan und Schwung auf die Bühne, aber hetzen Sie nicht, als würden Sie befürchten, das Publikum könnte Ihnen davonlaufen. Gehen Sie in einem angemessenen Tempo bis zur Bühnenmitte und beginnen Sie keinesfalls schon vorher

zu sprechen. Erst wenn Sie angekommen sind und Ihre Position eingenommen haben, bekommen Sie die volle Aufmerksamkeit des Publikums.

4. Sind Sie auf Position, nehmen Sie eine aufrechte, selbstbewusste Haltung ein. Damit ist jedoch nicht das militärische Brust-raus-Bauch-rein-Prinzip gemeint, durch das Sie steif und unnahbar – und damit eher wie ein Feldwebel – wirken würden. Finden Sie für sich das richtige Maß an Körperspannung, um Energie und Kraft auszustrahlen.

5. Eine etwas anspruchsvollere Aufgabe ist die Kunst der nachhaltigen Pause, die anfänglich etwas Überwindung kostet, dafür aber großen Effekt hat. Stehen Sie locker und aufrecht an Ihrem Platz, blicken Sie – bevor Sie Ihren Vortrag beginnen – ins Publikum, schicken Sie Ihren Zuhörern ein Lächeln und schweigen Sie. Erst wenn Sie das Gefühl haben, »Jetzt sind alle Augen auf mich gerichtet« und wenn es mucksmäuschenstill ist, beginnen Sie angemessen laut zu sprechen. Diese Sekunden werden Ihnen wie eine kleine Ewigkeit vorkommen, dem Publikum erscheint die Pause jedoch völlig natürlich. Nutzen Sie die Zeit, um noch einmal tief durchzuatmen.

6. Bevor Sie schließlich starten, ist eine sogenannte Einladungsgeste gefragt – ein Ausstrecken der Arme. Wählen Sie den Abstand zwischen Ihren Armen so, dass Sie sich damit wohlfühlen; richten Sie auf alle Fälle die Handinnenflächen zueinander oder noch besser nach oben. Die einzige Regel: Arme weg vom Oberkörper! Die Einladungsgeste ist wichtig, weil eine rein verbale Begrüßung, bei der der Redner unbeweglich auf der Bühne steht, nicht als glaubhaft empfunden wird und daher unsympathisch wirkt. Mit so einem Eindruck möchte wohl kaum jemand starten.

Rücken Sie sich in ein günstiges Licht

1970 stellten sich US-amerikanische Wissenschaftler folgende Frage: Ist es möglich, eine Gruppe von Experten mit einer brillanten Vortragstechnik so hinters Licht zu führen, dass diese den inhaltlichen Nonsens nicht bemerken? Die Wissenschaftler engagierten einen sehr kompetent wirkenden Schauspieler – sein Name: Michael Fox – und trainierten dessen Auftritt tagelang. Ziel war ein brillanter Vortrag, der inhaltlich widersprüchlich war und absolut keinen Sinn ergab. Das Ergebnis: Sämtliche Experten hingen an den Lippen des überzeugenden Schauspielers und waren von seinem Vortrag begeistert. Das Phänomen ist bis heute als »Dr.-Fox-Effekt« bekannt.

Im realen Leben bedeutet das: So gut und überzeugend Ihre vorgetragenen Inhalte auch sein mögen – wirklichen Erfolg erzielen Sie nur mit einer überzeugenden Körpersprache. Weder Sie selbst noch Ihr Publikum werden die nonverbalen Signale bewusst wahrnehmen. Wie gut also, dass Sie Ihre Körpersprache zwar nicht komplett steuern, aber durchaus optimieren und effektiv einsetzen können. Auf die folgenden Aspekte sollten Sie ein besonderes Augenmerk legen:

Gezielte Bewegungen

Nichts wirkt unprofessioneller als eine unruhige und unkoordinierte Körpersprache. Ruhe heißt das Zauberwort; und diese sollten Sie durch Ihre Gestik, Mimik und Haltung von Anfang an auf das Publikum übertragen. Begeben Sie sich also souveränen Schrittes auf die Bühne und nehmen Sie Ihren Standort ein.

Von nun an gilt: Bleiben Sie nicht wie versteinert stehen, aber laufen Sie auch nicht hektisch hin und her. Fuchteln Sie nicht mit den Armen herum. Bleiben Sie in Bewegung, das jedoch gezielt und mit bewussten Pausen. Nehmen Sie zwischendurch immer wieder einen festen Stand ein, bleiben Sie kurz an dieser Stelle stehen und setzen Sie gezielt Gesten ein. Sie können sich zwischendurch auch ruhig zu den Seiten, nach vorne oder nach hinten bewegen. Wenn Sie statisch auf einem Fleck verharren, wird auch Ihr Publikum mental unbeweglich. Wenn Sie sich hingegen bewegen, gehen auch die Gedanken Ihrer Zuhörer eher mit. Zu viel Bewegung würde allerdings ablenken.

Mit Augenkontakt Interesse wecken

So bewusst wie Ihre Bewegungen sollten Sie auch den Blickkontakt zum Publikum einsetzen. Suchen Sie sich dafür einige Personen aus, die Ihnen ein gutes Gefühl vermitteln, weil sie Interesse und Aufmerksamkeit signalisieren. Ein Blickkontakt sollte auf jeden Fall einen Gedanken lang dauern. Wenn Sie eine Geschichte erzählen, wählen Sie gedanklich einen Zuhörer aus und stellen Sie sich vor, Ihre Erzählung wäre ganz allein für sie oder ihn bestimmt. Je besser Ihnen das gelingt, umso konzentrierter und souveräner wird Ihre Story ausfallen.

Der Blick geht mit

Wenn Sie sich bewegen, blicken Sie immer in die Richtung, in die Sie gehen. Etwas anderes würde unnatürlich wirken. Werden Sie vom Bühnenlicht geblendet, lassen Sie den Blick über das Publikum schweifen, nach links, nach rechts und zurück in die Mitte.

Gute Show trotz Rednerpult

Wenn Sie hinter einem Rednerpult stehen müssen, ist Ihr Bewegungsspielraum erheblich eingeschränkt und Sie verlieren einiges an physischer Präsenz. In so einem Fall müssen Sie dreimal so intensiv mit Ihren Gesten und Ihrer Stimme arbeiten, um Aufmerksamkeit zu erzielen. Sie überzeugen sozusagen vom Bauchnabel aufwärts mit Ihrer Körpersprache. Wie finden Sie nun heraus, wann Sie die richtige Intensität in Sachen Gestik erreicht haben? Das ist eigentlich ganz einfach: Wenn Sie denken, dass Sie maßlos übertreiben, nimmt das Publikum Ihre Signale nicht einmal als außergewöhnlich wahr.

Schweigen Sie gekonnt

Eine gute Rhetorik ist Voraussetzung für einen überzeugenden Vortrag. Ebenso wichtig ist aber die Fähigkeit zu schweigen – und sie ist schwieriger zu erlernen. Bewusst Pausen zu setzen kostet zunächst Überwindung, ist jedoch ein absolutes Muss. Ihr Publikum braucht schließlich immer wieder Zeit zum Mit- und Nachdenken. Wollen Sie also eine Aussage besonders betonen, dann schweigen Sie nach diesem Satz. Eine gute Pause dauert etwa drei bis fünf Sekunden. Nutzen Sie diese Zeit, um tief Luft zu holen.

Zeigen Sie Gefühle

Das, was Sie sagen, muss der Zuhörer auch fühlen können, sonst verpufft die Wirkung Ihrer Aussage. Wenn Sie also etwas Heiteres erzählen, müssen Sie Ihrem Publikum auch ein entsprechendes Gesicht präsentieren. Sprechen Sie dagegen über eine ernste Sache, halten Sie sich mimisch zurück. Wollen Sie Wut demonstrieren, dann zaubern Sie eine Zornesfalte auf Ihre Stirn. Erzählen Sie von einer überraschenden Wendung, dann zeigen Sie das auch – mit einem hängenden Kiefer und weit aufgerissenen Augen.

Auch wenn Sie selbst das Gefühl haben, Ihre Mimik sei völlig übertrieben – sie ist es nicht. Andere Menschen nehmen unsere bewussten nonverbalen Signale viel schwächer wahr als wir selbst und empfinden beispielsweise ein verblüfftes Gesicht als natürliche mimische Beteuerung des Gesagten.

Eine kleine Gefühlsübung

Um die Hemmung vor einer ausdrucksstarken Mimik abzubauen, hilft es, sich in eine andere Person hineinzuversetzen. Stellen Sie sich vor, Sie wären ein Pantomime-Künstler, der nur über seinen Körper, seine Mimik und seine Gestik darstellen kann, was in ihm vorgeht. Nehmen Sie sich viel Raum. Übertreiben Sie ruhig. Deuten Sie nur, sagen Sie nichts. Am besten stellen Sie sich vor einen Spiegel.

Ein paar Beispiele: Mimen Sie einen Menschen, der überrascht wird; einen Entscheidungsträger, der den Mitarbeitern die Leviten liest; einen Kollegen, der einem anderen Trost spendet; ein Kind, das gerade seinen Hamster betrauert; eine Person, die jemanden anmacht; einen Menschen, der etwas befiehlt usw. Ihren Ideen sind bei dieser Übung keine Grenzen gesetzt.

Sie haben Ihre Wirkung förmlich in der Hand

Arme und Hände sind neben der Gesichtsmimik unsere stärksten nonverbalen Ausdrucksmittel und echte Multitalente. Sie können den Inhalt einer Rede oder Präsentation verstärken, aber auch allein für sich eine Menge ausdrücken. Gesten mit den Händen dürfen deshalb in keinem Vortrag fehlen. Hier die wichtigsten Regeln:

Wollen Sie ein Ziel verfolgen, dann strecken Sie die Hand nach vorne.

Zeigen Sie Gesten bei einer Präsentation seitlich vom Körper.

- Symbole zeigen: Gesten müssen den Inhalt unterstreichen und dürfen nicht widersprüchlich sein. Wenn Sie beispielsweise von einer großen Menge sprechen, dann demonstrieren Sie mit beiden Armen diese große Menge. Wollen Sie ein Ziel verfolgen, dann strecken Sie die Hand nach vorne [Bild Nr. 70]. Gibt es drei wichtige Punkte, dann zeigen Sie seitlich von Ihrem Körper drei gespreizte Finger nach oben [Bild Nr. 71]. Ein wirtschaftlicher Anstieg lässt sich mit einer Aufwärtsbewegung mit der Hand darstellen. Eine wichtige Aussage kann mit dem nach oben gestreckten Zeigefinger betont werden. Ablehnung drücken Sie aus, indem Sie beide Handflächen nach vorne schieben. Eine minimale Veränderung zeigen Sie, indem Sie Zeigefinger und Daumen zusammenführen [Bild Nr. 72].
- Gestik vor Wort: Gesten wirken dann besonders stark, wenn das nonverbale Signal vor der verbalen Aussage erfolgt. Üblicherweise spricht zuerst der Körper, dann folgt das Wort. Sind Politiker richtig zornig, dann hauen sie zuerst auf das Rednerpult und beginnen

72

Um eine minimale Veränderung anzuzeigen, führen Sie Daumen und Zeigefinger wie Magnete zusammen.

73

Handbewegungen immer bewusst von unten nach oben ausführen.

erst danach mit ihrer Kritik. Eine gute Methode, das zu lernen: Lesen Sie Märchen mit vollem Körpereinsatz. Stellen Sie das Märchenbuch auf einen Notenständer und geben Sie die Erzählung sowohl nonverbal als auch in Worten wieder. Je öfter Sie diese Reihenfolge trainieren, desto automatischer werden Sie sie zum Einsatz bringen.

◆ Arme weg vom Oberkörper: Pressen Sie niemals die Arme an den Körper, sonst wirken Sie schnell unsicher und unterwürfig. Befolgen Sie stattdessen folgende Formel: Je größer die Gruppe, desto größer dürfen Ihre Armbewegungen ausfallen, damit die Signale auch bei den Zuhörern ganz hinten ankommen. Solche ausladenden Gesten werden Ihnen am Anfang ungewohnt erscheinen. Je öfter Sie sich dazu durchringen, desto selbstverständlicher werden die Armbewegungen sich anfühlen, und Sie werden bald den Unterschied in Sachen Wirkung merken.

◆ Kämpfen Sie gegen die Schwerkraft an: Aus reiner Gewohnheit tendieren wir alle zu bestimmten Abwärtsbewegungen. Wir lassen die Arme nach unten fallen, weil das am wenigsten anstrengt. Nur leider wirkt das eher negativ auf das Publikum. Ein bisschen mehr Muskelarbeit ist also gefragt, um diese Gesten in Aufwärtsbewegungen umzuwandeln. Führen Sie Handbewegungen immer bewusst von unten nach oben aus und zeigen Sie Ihrem Publikum ruhig die nach oben gerichteten Handinnenflächen [Bild Nr. 73], als wollten Sie etwas geben. Darauf reagieren Menschen äußerst positiv.

◆ Lockere Handgelenke: Wenn Sie Arme und Hände für große oder kleine Gesten einsetzen, achten Sie dabei auf Ihre Handgelenke. Mit lockeren beziehungsweise abgeknickten Handgelenken wirkt jede Geste schwächer und manchmal auch etwas albern. Für eine kraftvolle Wirkung sollten Ihre Handgelenke daher bei allen Gesten möglichst stabil sein.

◆ Die wichtigste Regel für jeglichen Einsatz von Körpersprache: Nur Übung macht den Meister. Je sicherer Sie mit nonverbalen Signalen umzugehen wissen, desto wohler fühlen Sie sich vor Publikum und desto wirkungsvoller sind Haltung, Gestik und Mimik. Inszenieren und trainieren Sie also jeden Vortrag vorher so oft es geht. So wie Sie sich den Inhalt einer Präsentation so gut wie möglich einzuprägen versuchen, sollten Sie auch an Ihrer Performance arbeiten. Üben Sie vor dem Spiegel, mit einer Videokamera, vor Kollegen und Freunden und in einem normalen Gespräch. Etwa zwei Monate braucht ein Mensch, um sich neue Verhaltensweisen einzuprägen – es sei denn, Sie gehören zu den wenigen Menschen, die dafür ein besonderes Talent besitzen.

Das Beste zum Schluss

Jede gute Show braucht ein grandioses Finale – auch Ihre. Der Vorteil liegt auf der Hand: Das, was Sie Ihrem Publikum als Letztes präsentieren, bleibt am intensivsten in Erinnerung. Ziehen Sie also die Spannung noch einmal richtig nach oben, indem Sie sich das Beste dafür aufheben: also genau die Botschaft, die Ihre Zuhörer mit nach Hause nehmen sollen.

Haben Sie diese letzte Hürde genommen, dürfen Sie den angenehmsten Teil der Sache genießen: Ihren Applaus. Genießen Sie ihn wirklich, flüchten Sie nicht. Schließlich haben Sie diese Anerkennung verdient und sollten sich das Feedback Ihres Publikums nicht entgehen lassen. Bleiben Sie also entspannt in der Mitte der Bühne stehen, machen Sie eine leichte Verbeugung, signalisieren Sie mit einer Geste Ihre Anerkennung für Ihre Zuhörer und danken Sie ihnen vor allem mit einem ehrlichen Lächeln.

Sollten Sie noch von einem Moderator verabschiedet werden, dann sprechen Sie sich im Vorfeld ab, ob Sie sich die Hand schütteln oder nicht. Das gilt auch für den Anfang. Es sieht immer etwas unbeholfen aus, wenn eine Hand ins Leere fährt. Ist eine anschließende Fragerunde geplant, sollten Sie die Hand heben und sagen: »Wer hat die erste Frage?« Kommt aus dem Publikum keine Reaktion, dann stellen Sie selbst eine Frage nach dem simplen Prinzip: »Was ich immer wieder gefragt werde …« Wenn Sie Ihre eigene Frage beantwortet haben, versuchen Sie es noch einmal. Fragerunden müssen gelegentlich angeschoben werden. Entwickelt sich Ihre Runde hingegen zu einer nicht enden wollenden Angelegenheit, wenden Sie einen einfachen Trick an: »Wer hat nun noch eine letzte Frage?« Somit ist für jeden deutlich: Jetzt ist Schluss.

Lampenfieber verhilft zum Erfolg

Jeder von uns hat es schon, mehr oder weniger intensiv, am eigenen Leib erfahren: vor einer Prüfung, einem Bewerbungsgespräch, einem Wettkampf, einem wichtigen Meeting und vor allem bei Vorträgen. Die Rede ist von Lampenfieber, dem Albtraum jedes Redners. Vermutlich denken Sie nun wie viele andere sofort an Anspannung, Stress und Symptome wie Herzklopfen, Reizbarkeit, Erröten, Zittern, Beengtheitsgefühl und Konzentrationsmangel. Doch jeder Mensch reagiert bei Lampenfieber anders und die meisten profitieren noch dazu von dem ungeliebten Nervositätsschub.

Ein natürliches Aufputschmittel

Lampenfieber kann als eine schwächere Form von Angst angesehen werden. Diese wiederum hat ihre Wurzeln in der prähistorischen Zeit und war eine unbewusste Überlebensstrategie. Mit der »Cannon-Notfallreaktion« bereitet sich der Körper automatisch und unbewusst darauf vor, entweder zu kämpfen oder zu flüchten. Diesen Urinstinkt haben wir uns bis heute bewahrt, obwohl wir kaum noch Situationen ausgesetzt sind, in denen es um das nackte Überleben geht.

Aber wir geraten durchaus in Situationen, in denen wir Angst haben – zum Beispiel davor, sich aus irgendeinem Grund vor vielen Menschen lächerlich zu machen. Eine Befürchtung, die in der Angsthierarchie der meisten Menschen ganz oben steht und enormen Stress auslöst. Deshalb überrascht es auch nicht, dass ein Vortrag diese Angst auslösen kann. Schließlich ist eine Präsentation nur so gut, wie das Publikum sie bewertet. Fast jeder Redner hat Angst vor diesem Urteil und setzt sich damit mächtig unter Druck. Und damit kommt das Lampenfieber ins Spiel.

Lampenfieber ist völlig normal und tritt in unzähligen Varianten auf. So spielt der gefühlte Status eine große Rolle. Präsentiert beispielsweise ein Abteilungsleiter eines größeren Unternehmens häufig vor Kollegen, empfindet er diese Situation als relativ normal und ist höchstwahrscheinlich kaum noch aufgeregt. Muss er jedoch vor den Vorständen präsentieren, wird auch seine Angstkurve nach oben steigen. Doch egal, wie stark Lampenfieber ausfällt, eines sollte man sich immer bewusst machen: Lampenfieber ist eine irreale Angst, die keine konkrete Berechtigung hat. Trotzdem müssen wir uns damit auseinandersetzen und versuchen, sie zu besiegen.

Ein Tipp: Je öfter Sie der Angst die Stirn bieten, desto selbstbewusster werden Sie. Sie werden mit jedem Mal klarer erkennen, dass nichts passiert und Ihre Angst völlig unbegründet ist. Den Idealzustand haben Sie erreicht, wenn Ihnen vor Präsentationen und Vorträgen nur ein kleiner Rest an Aufregung geblieben ist. Dann ist Lampenfieber ein regelrechtes Aufputschmittel, das die eigene Aufmerksamkeit und damit die Qualität des Vortrags steigert.

Angst positiv gesehen

In seinem Buch »Der Begriff Angst« schreibt der dänische Philosoph Sören Kierkegaard: »Die Angst lähmt nicht nur, sondern enthält auch die unendliche Möglichkeit des Könnens, die den Motor menschlicher Entwicklung bildet.«

30 Tipps gegen Lampenfieber

Das ultimative Mittel gegen Lampenfieber gibt es nicht. Aber es gibt eine Menge Methoden, Übungen und Tipps, um die Aufregung auf ein erträgliches Maß zu reduzieren und Lampenfieber souverän zu meistern.

Be prepared
Eine gute Vorbereitung hält Lampenfieber in Schach und gibt Sicherheit: die optimale Basis für einen gelungenen Vortrag. Es lohnt sich also, möglichst viel Zeit in die Vorbereitung zu investieren.

Kribbeln im Bauch: ein Geschenk
Ich gebe es zu: Vor jedem Auftritt habe ich dieses Kribbeln im Bauch und verspüre einen Kloß im Hals – auch wenn ich schon unzählige Auftritte hinter mir habe. Doch genau dafür bin ich dankbar. Weil ich dadurch merke, dass mir die Sache wirklich wichtig ist. Und je wichtiger uns etwas ist, desto mehr sind wir motiviert, unser Bestes zu geben. Nehmen Sie Ihr Lampenfieber also als positives Zeichen und wertvolles Geschenk an.

Spickzettel erlaubt
Endlich dürfen Sie ohne schlechtes Gewissen spicken. Ein Stichwortzettel (maximal in DIN-A5-Größe) mit den wichtigsten Punkten gibt Ihnen Sicherheit, auch wenn Sie ihn gar nicht brauchen. Optimal dafür sind übrigens Moderationskarten. Sie sind so fest und stabil, dass niemand im Publikum ein eventuelles Zittern bei Ihnen bemerken würde.

Aufregung – keiner außer Ihnen bemerkt sie
Sie fühlen Ihre butterweichen Knie, den Kloß im Hals, die kribbelnden Hände, Ihre heißen Wangen und sind sich sicher, dass die Zeichen Ih-

rer Nervosität auch sonst keinem entgehen. Falsch gedacht. Von Ihrer »großen« Aufregung nimmt das Publikum gerade mal ein Achtel wahr – wenn überhaupt. Haben Sie zum Beispiel das Gefühl, Ihr Gesicht sei rot wie eine Tomate, kann vermutlich höchstens von einer gesunden Gesichtsfarbe die Rede sein.

Früh genug vor Ort sein

Um entspannt auf der Bühne zu stehen, müssen Sie schon einige Zeit vorher einen ruhigen Gang einlegen und nicht in letzter Minute auf die Bühne hetzen. Seien Sie idealerweise 60 Minuten vor Ihrem Vortrag vor Ort. Machen Sie sich mit dem Raum vertraut und bereiten Sie den Rest nach Ihren Vorstellungen vor.

Tief durchatmen

Bewusstes Atmen gehört zu den effektivsten und schnellsten Methoden, den eigenen Puls zu senken und damit auch der Aufregung entgegenzuwirken. Wichtig: Atmen Sie durch die Nase ein und durch den Mund aus. Zählen Sie beim Ein- und Ausatmen jeweils etwa bis acht.

Schaukeln beruhigt

Was schon bei kleinen Babys hilft, ist auch im Erwachsenenalter eine gute Methode, sich selbst zu beruhigen: das langsame Hin- und Herwiegen oder Vor- und Zurückschaukeln. Eine Minute genügt, und Sie werden die Entspannung spüren.

Rituale geben Sicherheit

Wiederkehrende Rituale und Gewohnheiten geben uns automatisch Sicherheit. Kreieren Sie also Ihre ganz persönlichen Rituale: ein ausgedehntes Bad am Vorabend, eine bestimmte Musik, die Sie kurz vorher hören, ein glücksbringendes Accessoire, das Sie bei jeder Präsentation begleitet. Seien Sie fantasievoll!

Geheimtipp: Trinkkur

Trinken Sie kurz vor dem Vortrag noch ein großes Glas warmes Leitungswasser. Es beruhigt Magen und Nerven. Zur Toilette müssen Sie deshalb nicht.

Schwingende Arme entspannen Sie.

Musik in den Ohren

Nichts kann so schnell und so intensiv Emotionen hervorrufen wie Musik. Nutzen Sie diesen Effekt und hören Sie vor dem Vortrag genau die Musik, die Ihre Stimmung hebt. Wählen Sie Lieder, mit denen Sie schöne Momente verbinden. Und singen Sie am besten kräftig mit – das lockert schon mal Ihre Stimmbänder.

Lockerungsübungen gegen Verspannung

Lampenfieber führt nicht nur zu einer geistigen Anspannung, sondern auch zur Verspannung des Körpers. Machen Sie sich also unbedingt vorher locker. Beschreiben Sie mit dem Kopf vorsichtig einen Kreis, heben und senken Sie die Schulterpartie, schwingen Sie die Arme [Bilder Nr. 74], lassen Sie den Rumpf kreisen und massieren Sie sanft und mit Bedacht Ihre Gesichtsmuskulatur.

Den Erfolg vor Augen haben

Je konkreter wir uns eine Situation im Vorfeld vorstellen, desto besser wissen wir, was uns erwartet, und haben keine unangenehmen Überraschungen zu befürchten. Nutzen Sie dafür Ihr »Kopfkino« und malen Sie sich detailliert aus, wie Sie die Bühne betreten, mit einem Lächeln und einer positiven Geste die Zuhörer begrüßen, mit einem spannenden Einstieg starten und Ihren Vortrag entlang des roten Fadens souverän halten. Und stellen Sie sich auch Ihren wohlverdienten Applaus am Ende vor. Je realistischer, desto besser.

Fort mit überschüssiger Energie

Aufregung kann sowohl lethargisch als auch geradezu hyperaktiv machen. Damit Sie nicht so auf der Bühne stehen, als hätten Sie zu viel Kaffee getrunken, sollten Sie Ihre überschüssige Energie vorher loswerden. Am besten gehen Sie noch einmal um den Häuserblock oder machen zehn Kniebeugen und dehnen Ihren Körper. So sind Sie etwas weniger energiegeladen und noch dazu dank Sauerstoff und Bewegung körperlich und geistig fit.

Visualisieren Sie Ihr Wunschpublikum

Machen Sie sich nicht nur von Ihrem Vortrag, sondern auch von Ihren Zuhörern ein konkretes Bild. Stellen Sie sich das Publikum Ihrer Träume vor, das Ihre Rede interessiert verfolgt und Sie als anregend, informativ und unterhaltsam erlebt. Je fester Sie sich dieses Bild einprägen, desto leichter wird es Ihnen fallen, Ihr tatsächliches Publikum genauso wahrzunehmen.

Eine klangvolle Stimme

Haben Sie eine zittrige Stimme? Dann betreiben Sie Stimmpflege: Summen Sie Lieder, damit wärmen Sie die Stimmbänder auf. Oder husten Sie kräftig.

Nackt macht lustig

Dieser alte Trick, den jeder noch aus Schul- und Prüfungszeiten kennt, hat sich bis heute bewährt. Stellen Sie sich Ihr Publikum nackt vor. Der Effekt: Sie fühlen sich nicht mehr als Einziger »schutzlos«. Außerdem wirkt alles, was erheitert, auch automatisch entspannend.

Der letzte Blick in den Spiegel

Viele Redner verlieren ihre Konzentration, weil sie zu sehr mit ihrem Äußeren beschäftigt sind. Stellen Sie sich nur noch einmal kurz vor dem Auftritt vor den Spiegel, um sicherzugehen, dass alles an Ihnen in bester Ordnung ist. Ab dann konzentrieren Sie sich auf Ihre Präsentation.

Schneller Entspannungstrick

Spannen Sie Ihren gesamten Körper zehn Sekunden lang kräftig an – dann lassen Sie wieder locker. Wiederholen Sie diese Übung zehn Mal und Sie werden die Entspannung deutlich spüren.

Freundliche Gesichter

Suchen Sie sich vor allem für den Anfang positiv gestimmte Zuhörer aus, zu denen Sie Blickkontakt aufnehmen und halten können. Das gibt Ihnen zusätzliche Sicherheit und zusätzliche Energie.

Kontakt aufnehmen

Je bekannter und vertrauter uns etwas ist, desto weniger macht es uns Angst. Lernen Sie deshalb wenn möglich Ihr Publikum schon vorab kennen. Plaudern Sie mit dem einen oder anderen Zuhörer und überzeugen Sie sich, dass es sich auch nur um ganz normale Menschen handelt. Obendrein schätzen es Zuhörer, wenn der Referent sich schon vor dem Vortrag etwas Zeit für sie nimmt.

Glücksrausch gefällig?

Das Glückshormon Serotonin können wir für einen Vortrag gut gebrauchen. Essen Sie deshalb vor dem Vortrag die serotoninhaltigen Lebensmittel Banane, Schokolade oder Nüsse. Sie beruhigen und geben ein gutes Gefühl.

Ein voller Bauch präsentiert nicht gern

Zu viel davon sollten Sie vor Ihrem Auftritt allerdings nicht essen. Schließlich benötigen Sie Ihre Energie für Ihren Kopf und nicht für Ihre Verdauung.

Schweißränder unsichtbar machen

Schwitzen lässt sich nicht immer vermeiden – vor allem nicht, wenn man aufgeregt ist. Allerdings muss es ja nicht für jedermann sichtbar sein. Vermeiden Sie deshalb Farben wie Rosa, Beige, Hellblau, Grau oder Grün, hier werden Schweißflecken sofort sichtbar. Tragen Sie stattdessen eine Kombination aus weißem Hemd / weißer Bluse und Anzug / Kostüm in dunklen, gedeckten Tönen.

Positive Erinnerungen aktivieren

Um sich vor der Präsentation positiv zu programmieren, rufen Sie sich ein schönes Erlebnis in Erinnerung, das Sie beflügelt und angenehme Gefühle in Ihnen auslöst. Gehen Sie es im Detail durch und erleben Sie es im Kopf noch einmal: Was haben Sie gesehen, gehört, gespürt, gerochen, geschmeckt? Je konkreter Sie sich mit dieser Erinnerung beschäftigen, desto weniger kommen Sie auf die Idee, sich wegen Ihres Vortrages verrückt zu machen.

Horrorszenarien ausmalen

Paradoxerweise funktioniert bei manchen Menschen auch das Gegenprogramm. Stellen Sie sich so genau wie möglich den schlimmsten Fall vor, der passieren könnte: wie Sie sich total verhaspeln, Ihnen der Stichwortzettel aus der Hand rutscht oder Sie stolpern. Je intensiver Sie sich mit diesem mehr als unwahrscheinlichen Horrorszenario konfrontieren, desto weniger fürchten Sie konkret, dass es eintritt.

Blackouts meistern

Trotz optimaler Vorbereitung und verschiedener Beruhigungsstrategien kann es vorkommen, dass der Kopf Ihnen einen Streich spielt und Ihren Vortrag mit einem kleinen Blackout sabotiert. Trotzdem kein Grund zur Panik. Wenn Sie sich nichts anmerken lassen, wird das Publikum nichts von Ihrem Aussetzer mitbekommen. Der beste Trick, um flüssig weiterzumachen: Wiederholen Sie den letzten Satz vor Ihrem Blackout. Das kann durchaus ein rhetorisches Mittel sein. Oder stellen Sie eine Frage, um Zeit zu gewinnen. Aber auch die einfachste Lösung ist durchaus legitim: Schauen Sie auf Ihren Stichwortzettel, denn niemand erwartet, dass Sie alles auswendig gelernt haben.

Eigenlob stinkt kein bisschen

Sie können nicht nur von anderen einen Rat annehmen oder auf deren Meinung hören, sondern sich auch selbst positiv beeinflussen, indem Sie sich gut zureden. Suchen Sie sich dafür einen geeigneten Ort und reden

Sie dort laut vor sich hin. Sie werden sehen, dass diese Selbstmotivation Wunder wirkt. Dabei genügen ganz einfache Sätze wie »Ich bin gut«, »Mir geht es gut«, »Ich bin ganz ruhig«, »Ich schaffe es«, »Ich freue mich auf den Applaus«.

Trainieren Sie audiovisuell

Wenn Sie Ihren Vortrag einüben, nehmen Sie sich möglichst auf Video auf. Das wird für Sie sehr aufschlussreich sein und gibt Ihnen außerdem die Möglichkeit, sich vorab das Feedback von Bekannten oder Kollegen zu holen.

Sie sind nicht allein

Wenn Sie Lampenfieber haben, vergessen Sie eines nicht: Sie sind ganz sicher nicht der einzige Mensch auf Erden mit diesem Problem. Im Gegenteil: Selbst professionelle Bühnenmenschen werden ihre Aufregung oft ihr Leben lang nicht los und erzählen sogar gern davon. Lampenfieber ist eine natürliche Emotion.

Der Glücksbringer

Auch wenn es niemand gern zugibt: Fast jeder besitzt einen Talisman, den er in wichtigen Situationen bei sich haben muss. Alles, was Ihnen ein gutes und sicheres Gefühl gibt, ist ausdrücklich erlaubt. Kleiner Tipp: Deponieren Sie einen Reserve-Glücksbringer noch in einer anderen Tasche, falls Sie die Tasche wechseln und ihn darin vergessen.

So wird der Vortrag perfekt

Firmenveranstaltungen, Kongresse, Mitarbeiterevents, Weihnachtsfeiern – sie laufen fast alle nach dem gleichen Muster ab: Die Zuhörer kämpfen gegen ihre Müdigkeit und / oder Langeweile an und warten sehnsüchtig auf das Ende der Reden, um endlich zum angenehmen Teil übergehen zu können – zum Buffet oder zum Plausch mit Kollegen an der Bar. Der obligatorische Applaus für den Redner ist meist eher ein Ausdruck der Freude darüber, dass der Pflichtteil endlich überstanden ist und man nun zur Kür übergehen kann.

Muss das eigentlich immer so ablaufen? Ist es nicht möglich, eine

Rede zu halten, die auf Interesse stößt und das Publikum unterhält oder sogar begeistert? Ja, das ist möglich, solange ein Grundsatz beherzigt wird: Etwas vortragen heißt nicht, Worte einfach nur vorzulesen. Es geht vielmehr darum, sich und sein Thema aktiv zu präsentieren. Ein Redner hat die Pflicht zu unterhalten. Und da ein Vortrag zu über 80 Prozent aus Körpersprache, also Mimik, Stimme und Gestik besteht, können Sie Ihre Zuhörer mit all diesen nonverbalen Signalen beeindrucken – und gut unterhalten.

Aller Anfang ist spannend

Der Anfang jeder Präsentation oder Rede soll sofort Lust auf mehr machen – er fungiert als eine Art Appetizer, der den Wissenshunger der Zuhörer anregt. Investieren Sie also entsprechend viel in eine gelungene Anfangssequenz. Werden Sie gleich zu Beginn positiv beurteilt, dann suchen Ihre Zuhörer im weiteren Verlauf nach positiven Indizien, die ihre Erwartungshaltung bestätigen. Und sie werden sie finden.

Werden Sie dagegen gleich negativ beurteilt, suchen Ihre Zuhörer unbewusst nach negativen Indizien und werden auch diese finden. Ein guter Einstieg schafft sofort eine Beziehung zu Ihren Zuhörern und führt spannend in Ihr Thema ein. Ist das geschafft, können Sie Ihr eigentliches Anliegen vortragen.

Der magische Aufbau

Damit Ihre Präsentation beim Publikum ankommt und Ihnen das Interesse der Zuhörer über die ganze Strecke erhalten bleibt, sollten Sie den Hauptteil optimal strukturieren. Teilen Sie Ihre Informationen in maximal vier Bausteine beziehungsweise Kategorien ein. Warum? Nach wissenschaftlichen Erkenntnissen gibt es eine magische Zahl: Ein Mensch kann sich in der Regel höchstens fünf plus/minus zwei Informationseinheiten merken. Vier Kategorien sind daher für eine Rede völlig ausreichend und angemessen.

Der Spannungsbogen sollte so aussehen: Auf die Einleitung folgt ein spannender Baustein, an den Sie einen weniger spannenden und dann den am wenigsten spannenden anschließen. Diesen dritten Baustein sollten Sie notfalls ohne inhaltlichen Verlust wegfallen lassen können, denn erfahrungsgemäß reicht in den meisten Fällen die zur Verfügung stehende Zeit nicht aus. Konzentrieren Sie sich besonders auf die vierte Informationseinheit. Dieser Teil sollte viel Aufmerksamkeit erhalten und der interessanteste sein, um die Spannung kurz vor dem Ende noch einmal nach oben zu schrauben.

Verbale Don'ts zum Start

Die meisten Redner schießen sich bereits mit dem ersten Satz ins Aus.

- »Ich freue mich, dass Sie so zahlreich erschienen sind« ist wahrscheinlich der langweiligste Satz der Welt, gilt mittlerweile als absolutes No-Go, hält sich aber trotzdem hartnäckig als Standardeinstieg.
- Ebenso überholt: »Zuerst möchte ich mich herzlichst bedanken, dass ich zu Ihnen sprechen darf.« Mit diesem Auftakt macht sich ein Redner unnötig klein und nimmt eine regelrechte Bittstellerhaltung ein. Idealerweise sollte es umgekehrt sein.
- »Bevor ich mit dem Vortrag beginne, möchte ich folgende Gäste begrüßen und mich bedanken …« Kein Schlafmittel der Welt könnte besser wirken als dieser Satz, der nur eines bewirkt: dass das Publikum vom ersten Moment an den Zuhörmodus auf »Off« stellt.
- »Ich bin zwar nicht gut vorbereitet und hoffe, dass Sie sich nicht allzu langweilen, aber …« Welcher Zuhörer würde nach diesem Beginn noch einen spannenden und interessanten Vortrag erwarten? Ganz richtig, kein einziger. Eine solche Suizid-Variante bewirkt keine Nachsicht beim Publikum, sondern animiert es geradezu, bewusst oder unbewusst auf Fehler und Unvollkommenheiten regelrecht zu spekulieren.

So gewinnen Sie Ihr Publikum

Stellen Sie eine (rhetorische) Frage. Ein sehr effektiver Start, da er die Zuhörer direkt auffordert, mitzudenken. Zum Beispiel: »Was erwarten wir uns nun von …?« oder: »Ab morgen dürfte kein Mensch mehr lügen. Welche Auswirkungen hätte das?« Je mehr die gestellte Frage die Situation des Publikums betrifft oder je ungewöhnlicher sie ist, desto größer ist die Aufmerksamkeit jedes Einzelnen.

Ganz wichtig: Haben Sie Ihre Frage gestellt, atmen Sie tief durch, geben Sie den Zuhörern Zeit zum Nachdenken und beantworten Sie erst dann Ihre selbstgestellte Frage. Oder verblüffen Sie Ihr Publikum mit einem überraschenden Statement, ungewöhnlichen Informationen oder witzigen Fakten. Ein beliebter Klassiker ist ein Zitat aus dem Jahr 1977 von Ken Olsen, dem Gründer einer amerikanischen Computerfirma: »Es gibt keinen Grund, warum irgendjemand einen Computer in seinem Haus bräuchte.«

Oder erzählen Sie einen Witz, ein idealer Einstieg. Allerdings sollten Sie sicher sein, dass 80 Prozent der Anwesenden den Witz auch wirklich amüsant finden und er niemanden kompromittiert. Wer es schafft, seine Zuhörer am Anfang zum Lachen zu bringen, sorgt bei allen Beteiligten für ein gutes Gefühl. Die ideale Basis für eine gelungene Performance.

Faszinieren leicht gemacht

Die Struktur alleine beschert Ihnen noch keinen Erfolg – auf die Füllung kommt es natürlich auch an. Ein guter Aufbau ist die ideale Basis für eine spannende Dramaturgie, aber auch die Inhalte selbst müssen so interessant und mitreißend vermittelt werden, dass Ihre Zuhörer fasziniert an Ihren Lippen hängen. Auch dafür gibt es einige rhetorische Modelle, die garantiert funktionieren.

◆ Holen Sie sich die theoretische Unterstützung von Experten und verweisen Sie auf unwiderlegbare Statistiken und wissenschaftliche Belege. Oder zeigen Sie gut gemachte Grafiken, um Ihre Thesen zu untermauern.
◆ Komplexe Sachverhalte können Sie wunderbar mit einer Analogie darstellen, indem Sie in den Köpfen Ihrer Zuhörer ein konkretes Bild herstellen.
◆ Nutzen Sie die »Stellen Sie sich vor«-Methode, indem Sie Ihren Zuhörern eine mentale Aufgabe geben.
◆ Wichtige Informationen merken sich Zuhörer nur, wenn Sie diese mit einer bildhaften, abwechslungsreichen Sprache untermauern. Sprechen Sie von persönlichen Erfahrungen, bringen Sie Beispiele, liefern Sie Vergleiche oder Analogien.

Kurzanleitung für eine gelungene Rede

Reden vor Publikum will gelernt sein, zumindest aber geübt. Nicht von ungefähr werden zahllose Kurse dafür angeboten. Die folgenden Punkte sind die beste Voraussetzung für eine erfolgreiche Rede:

1. **Brainstorming:**
   Sammeln Sie hemmungslos alle möglichen Punkte zu Ihrem Thema.
2. **Botschaft:**
   Erarbeiten Sie Ihre Kernbotschaft. Was wollen Sie Ihrem Publikum mitteilen? Ein Satz reicht vollauf.
3. **Bilder:**
   Verwenden Sie möglichst Anekdoten, Analogien, übersichtliche Argumentationsketten oder Statistiken, um Ihre Inhalte zu transportieren. Erzeugen Sie Bilder in den Köpfen der Menschen. Ihr Publikum braucht Brücken, um die Informationen abspeichern zu können. Nur Zahlen, Daten und Fakten bleiben nicht hängen – es sei denn, sie kommen in Form von Bildern. Auch Sie selbst merken sich aufgrund der bildhaften Darstellungen die Inhalte, die Sie präsentieren, viel leichter.
4. **Der Anfang zum Schluss:**
   Wenn Ihre Rede steht, sind Ihnen während der Ausarbeitung mit Sicherheit ein paar spannende Ideen für den Anfang untergekommen.
5. **Das Finale:**
   Wenn Sie die Schlussworte im Kopf haben, dann verzetteln Sie sich nicht. Was Sie zum Schluss sagen, bleibt in den Köpfen der Zuhörer hängen. Es könnte ein Appell, eine Aufforderung, ein Resümee oder Zitat sein. Einfach und doch scharfsinnig und klug.
6. **Kürze mit Würze:**
   Verwenden Sie keinesfalls ein umfangreiches Redemanuskript. Konzentrieren Sie sich stattdessen auf das Wesentliche und ziehen Sie das Fazit aus Ihrem Vortrag in wenigen Stichworten, die Sie auf Kärtchen geschrieben haben. Sprechen Sie so frei wie möglich.
7. **Üben, üben, üben:**
   Damit Sie die Inhalte zu den Stichworten parat haben, müssen Sie Ihren Vortrag mindestens einmal gründlich durchspielen –

und zwar richtig. Sprechen Sie also für sich oder für eine Test-
person genauso, wie Sie es auch in Wirklichkeit tun werden. Das
Ganze nur im Kopf aufzusagen, bringt gar nichts, denn denken
und reden sind zwei Paar Schuhe. Je öfter Sie üben, desto besser.
Jeder Probelauf macht Sie sicherer. Wichtig: Korrigieren Sie beim
Test sofort alle Passagen, die Ihnen nicht flüssig erscheinen.

Special: Der optimale Umgang mit Folien, Laserpointer & Co.

Der Siegeszug von PowerPoint begann vor etwa 30 Jahren. Mittlerweile
laufen weltweit jeden Tag schätzungsweise 30 Millionen PowerPoint-
Präsentationen über irgendeine Leinwand. Deutsche Manager sehen
ihm Jahr durchschnittlich 4800 Charts – haben jedoch nur selten Freude
daran. 80 Prozent des Beifalls sind wohl eher ein Ausdruck der Erleich-
terung – die Zuhörer sind schlicht und einfach froh, dass die Präsentation zu Ende ist. Sobald der erste Chart auf der Wand erscheint, hört
niemand mehr zu. Mittlerweile ist es sogar erwiesen, dass PowerPoint
unsere Denkkraft schwächt und den Zuhörern kaum etwas im Gedächt-
nis bleibt.

Das alltägliche Drama

Der Ablauf der »Folien-Folter« ist fast immer der gleiche: Mit perfektem
»McKinsey-Styling« und einem an die Wand gebeamten »Welcome«
werden Kunden oder Mitarbeiter erst einmal begrüßt. Die 4000 Euro
teure Chart-Präsentation erstrahlt an der Wand. Die erste Hürde – die
Technik – ist also bereits überwunden. Nun werden in ca. 30 Minuten
rund 60 Folien durchgepeitscht, überfrachtet mit langen Sätzen, endlosen Zahlenreihen, unverständlichen Grafiken und »hoch motivie-
renden« emotionalen Bildern. Der Redner hangelt sich streng an der
Folienstruktur entlang, wiederholt brav die Sätze, die der Beamer an die
Wand wirft, und erkennt irgendwann, dass ihm die Zeit durch die Finger
rinnt. Kein Problem: Die »Schlagzahl« wird einfach ein wenig erhöht
und schon ist es geschafft, mit nur einer Minute Verlängerung.

Der leicht gehetzt wirkende und arg verschwitzte Präsentator ist erleichtert und die potenziellen Kunden oder Mitarbeiter sehen müde aus – sehr müde. Der Grund für diese Erschlaffung: Die Hauptperson einer solchen Veranstaltung ist leider nicht der Redner, der vorne steht und präsentiert – der »Stargast« heißt PowerPoint. Und nur sehr wenigen Rednern gelingt es, in einer Stunde 120 Charts durchzupauken und dabei selbst optimal rüberzukommen. Eine gute Performance, die zu den Inhalten passt, muss sorgfältig geplant und einstudiert werden.

Doch wie setze ich mich ins rechte Licht und erreiche, dass die Leute anschließend sagen: »Wow, diese Präsentation hat mich wirklich begeistert!«? Ganz einfach: durch Übung! So gut wie jeder bedeutende Politiker hat einen persönlichen Coach an seiner Seite. Manager aus den höheren Führungsetagen durchlaufen unzählige Präsentationsseminare, um ihre Wirkung zu optimieren. Das Märchen vom geborenen Redner hat also mit der Realität nicht viel zu tun. Reden lernt man durch Reden – also durch Üben, Üben und nochmals Üben! Nur so lassen sich die eigenen Vortragsfähigkeiten verbessern und Zuhörer begeistern.

So klappt die Zusammenarbeit mit PowerPoint & Co.

◆ Freiheit für die Hände: Tragen Sie weder den Präsenter noch irgendwelche Stifte, Laserpointer o. Ä. ständig mit sich herum; legen Sie möglichst alles aus den Händen. Organisieren Sie sich dafür im Vorfeld eine kleine Ablage. So haben Sie beide Hände frei für eine überzeugende Gestik und stärken Ihre persönliche Präsenz.

◆ Lassen Sie sich nicht blenden: Wenn Sie im Lichtkegel des Beamers stehen, ist das sowohl für Sie als auch für Ihre Zuhörer störend. Sie sollten diese ungünstige Position also möglichst vermeiden. Dabei hilft Ihnen die wertvollste Taste des Präsenters – die »Black-Taste«. Klicken Sie diese Taste, sobald Sie kein Chart zeigen müssen. So werden Ihre Zuhörer auf leichte Art »gezwungen«, Ihnen volle Aufmerksamkeit zu schenken. Wieder ein Punkt für Ihre persönliche Präsenz,

◆ Das PowerPoint-Potenzial: Der einzige Sinn einer PowerPoint-Präsentation besteht darin, Ihren Beitrag emotional zu unterstützen. Wichtigste Regel: Das Chart muss auf einen Blick erkennbar und nachvollziehbar sein. Es muss emotionalisieren und Gefühle auslösen. Das schaffen Sie am besten mit Bildern. Bilder von Menschen und Tieren erzeugen mehr Gefühle als Bilder von Dingen. Achten Sie außerdem auf ein einheitliches Schriftbild in gut lesbarer Größe und auf aussagekräftige Stichwörter.

◆ Umgang mit nicht vermeidbaren Zahlen und Daten: Nutzen Sie die Möglichkeiten von PowerPoint auch für kompliziertere und eher nüchterne Inhalte. Zeigen Sie beispielsweise einen Film oder ein Chart mit vielen Infos, dann geben Sie den Leuten genügend Zeit, sich das Ganze gründlich anzusehen. Treten Sie in so einem Moment aus der Mitte der Präsentationsfläche heraus und stellen Sie sich an die Seite. Um nach dieser Pause die Aufmerksamkeit des Publikums wiederzuerlangen, gehen Sie ganz bewusst in die Mitte des Vortragsraumes, wenden sich frontal der Gruppe zu, blicken in die Runde, warten und fahren dann mit Ihrer Präsentation fort.

◆ Zu wenig Zeit – kein Problem: Sollten Sie während der Präsentation erkennen, dass die Zeit nicht reicht, geraten Sie nicht in Panik und ziehen Sie auf keinen Fall das Tempo an. Beherzigen Sie stattdessen die simple Weisheit: Weniger ist manchmal mehr! Überspringen Sie locker und eloquent ein paar Charts, die nicht unbedingt relevant sind. Niemand wird es bemerken, denn nur Sie wissen, was Sie sagen wollten.

◆ Verlassen Sie sich niemals zu 100 Prozent auf die Technik: Bei der Arbeit mit technischen Hilfsmitteln kann immer etwas schief gehen und im schlimmsten Fall muss eine Präsentation ohne technische Unterstützung ablaufen. Haben Sie deshalb immer ein Notfallprogramm in petto. Sie müssen in der Lage sein, Ihren Vortrag auch ohne bunte Charts zu absolvieren.

◆ Aufmerksamkeitsfresser meiden: Die Aufmerksamkeitsfähigkeit jedes Publikums ist begrenzt. Beschränken Sie sich deshalb bei Ihren Charts auf das wirklich Notwendige und vermeiden Sie unnötige Animationseffekte. Auch bunte, geschwungene Schriften, die mit kitschigen Cartoons untermalt werden, und endlos lange Satzmonster sind absolute No-Gos. Informieren Sie stattdessen mit Stichworten beziehungsweise aussagekräftigen Botschaften, die in Form von Bildern oder einfachen Grafiken sofort erkennbar sind. Alles andere sind nur Aufmerksamkeitsfresser, die Ihnen – der Hauptperson – die Show stehlen.

◆ Die Handout-Frage: Viele erfahrene Redner bestehen darauf, dem Publikum zusätzlich ein Papier mit ihren Ausführungen in die Hand zu geben; andere halten davon gar nichts. Meine Empfehlung: Soll eine Präsentation begeistern, unterhalten und überraschen, darf das Handout erst nach dem Vortrag ausgeteilt werden. Ansonsten blättern viele schon im Vorfeld in den Unterlagen und die Aufnahmefähigkeit lässt nach. Ist der Vortrag dagegen eher nüchtern-belehrend und gibt es auf dem Handout Platz zum Eintragen persönlicher Notizen, dann sollten die Kopien vorher verteilt werden.

Gehören Sie zu den Leuten, die denken, ein Vortrag ohne Folien sei ein Ding der Unmöglichkeit? Dann probieren Sie es doch einfach mal aus. Sie werden feststellen, dass das einiges für Ihre persönliche Performance bringt. Ohne technisches Equipment sind Sie unabhängiger, können spontaner agieren, freier reden, müssen sich nicht an einen einzigen Leitfaden halten und wirken dadurch automatisch authentischer.

Diese Erfahrung habe ich auch selbst schon gemacht. Vor einigen Jahren wurde ich für ein außergewöhnliches Kundenevent auf einem Schiff engagiert. Die Abendsonne strahlte wunderbar und ich traf ganz entspannt am Hafen ein. Meine Gelassenheit war allerdings nur von kurzer Dauer, denn die Veranstaltungsleitung hatte sich kurzerhand entschlossen, den Vortrag bei untergehender Sonne auf Deck stattfinden zu lassen. Ich war also gezwungen, meine Präsentation ohne Technik zu absolvieren. Und das funktionierte viel besser, als ich gedacht hatte. Die Folge dieses Erlebnisses: Die Anzahl meiner Charts habe ich seitdem deutlich reduziert.

Ein weiteres Beispiel: Ich coachte einen angesehenen Rechtsanwalt, der auf einer großen Fachtagung für Versicherungsrecht einen bleibenden Eindruck hinterlassen wollte. Haben Sie schon einmal Fachvorträge von Anwälten gehört? Es ist eine Zumutung. In den meisten Fällen werden Rechtsfälle schriftlich an die Wand gebeamt und dann startet eine 60-minütige Vorleseübung. Mein Coaching-Kunde hatte den Mut, es anders zu machen. Er verwendete in seiner PowerPoint-Präsentation nur emotionale Bilder und viele Zitate – und wurde damit der Star der Veranstaltung. Die Resonanz war überwältigend und die Zuhörer waren einfach nur dankbar.

Auf den Punkt: Die 10 wichtigsten Tipps für überzeugende Präsentationen

1. Verstehen Sie sich als Entertainer! Fakten aufzählen kann jeder. Eine gute Präsentation unterhält die Zuhörer – auch durch eine gewinnende Körpersprache.

2. Stilmittel Gesten und Mimik! In wenigen Situationen können Sie Ihre Körpersprache so als Erfolgs-Booster nutzen wie bei einer Präsentation. Die richtigen Gesten an den richtigen Stellen, eine aktive Mimik und eine souveräne Haltung machen den Unterschied zwischen einer 08/15- und einer Profipräsentation.

3. Ruhe bewahren! Lampenfieber kennen selbst Profis. Entwickeln Sie Ihre persönlichen Strategien gegen zu große Nervosität, aber nutzen Sie auch den pushenden Effekt des Lampenfiebers.

4. Gesten wirken lassen! Setzen Sie lieber auf wenige, aber bewusst einge-setzte Gesten, statt ein hektisches Feuerwerk an nonverbalen Signalen abzufeuern. Nur so kann Ihre Körpersprache ihre volle Wirkung entfalten.

5. Mut zur Pause! Stille Momente und Pausen machen vielen Präsentatoren eine Heidenangst – völlig unbegründet. Die ruhigen Momente haben einige Vorteile. Zum einen wirken Sie dadurch automatisch ruhig und souverän. Zum anderen kann Ihr Publikum das Gesagte und Gezeigte verarbeiten und auf sich wirken lassen.

6. Klar und deutlich! Stehen Sie auf der Bühne, dürfen Ihre Gesten ruhig etwas deutlicher ausfallen, schließlich sind Sie der Star der Stunde.

7. Behalten Sie die Hauptrolle! Hilfsmittel gibt es viele, aber die Show be-stimmen Sie alleine. Verstecken Sie sich also nicht hinter Charts etc.

8. Lieblingszuhörer! Wer ständig den Blick schweifen lässt, wirkt automa-tisch unruhig und nervös. Suchen Sie sich stattdessen eine oder mehrere Personen, denen Sie immer wieder einen Blick von rund drei Sekunden schenken.

9. Wer übt, brilliert! Fühlen Sie sich sicher, steigt automatisch Ihre Wirkung. Eine gute Vorbereitung und regelmäßiges Üben sollten daher selbst-verständlich sein.

10. Resonanz nutzen! Achten Sie auf die Reaktionen Ihrer Zuhörer und versuchen Sie direkt gegenzusteuern, falls die Signale auf Desinteresse oder Langeweile hindeuten.

5. Körpersprache im Verkaufsgespräch

Jedes Verkaufs- oder Verhandlungsgespräch gleicht einem Schachspiel. Die Teilnehmer verfolgen eine bestimmte Strategie und agieren Zug um Zug. Das bedeutet: Erst wenn der Partner eine bestimmte Richtung einschlägt, kann sein Gegenüber optimal darauf reagieren, um das Spiel für sich zu entscheiden. Genauso ist es im Geschäftsleben. Auch hier verrät niemand gleich am Anfang seine komplette Strategie. Man wartet die Verkaufstaktik des Verhandlungspartners ab und passt die eigene Vorgehensweise dann Schritt für Schritt an.

Zu den entscheidenden Figuren dieses Spiels gehören schlagkräftige Argumente, um den Verhandlungspartner zu überzeugen, und Angebote, die er idealerweise nicht ausschlagen kann. Doch um wirklich zu begeistern, reicht das meist nicht aus. Die Art und Weise, wie etwas präsentiert wird, ist für einen erfolgreichen Abschluss fast ebenso wichtig. Sei es bei Verhandlungen mit Geschäftspartnern, Dienstleistern, Auftraggebern oder bei Verkaufsgesprächen mit Kunden: Wie sich jemand in solchen Gesprächen verhält, welche nonverbalen Signale er aussendet und welche Zeichen er bei seinem Gesprächspartner erkennt, kann über Erfolg oder Misserfolg des Verhandelns entscheiden. Und: Ein verlässlicher, überzeugender Partner empfiehlt sich auch für potenzielle zukünftige Verkaufsverhandlungen.

Selbstverständlich gelten auch für diesen Teil alle in den Kapiteln »Körpersprache bei Präsentationen« und »Die Körpersprache erfolgreicher Führungskräfte« erwähnten Aspekte bezüglich Gestik und Mimik.

Das »Wie« verkauft das »Was«

Verkaufspsychologisch betrachtet hängt der Erfolg eines Verkäufers nicht nur vom Produkt ab, das er anbietet, sondern auch sehr von seiner

Wirkung auf den Kunden. Körperhaltung, Bewegung, Mimik, Gestik, Sprache, Blickkontakt und Kleidung müssen miteinander in Einklang stehen. Ein souveräner Auftritt mit einer überzeugenden Körpersprache hat auch hier eine ganz bestimmte Wirkung: selbstbewusst, zielstrebig, erfolgsorientiert, energisch.

Wer darüber hinaus noch über ein gewisses Maß an Empathie verfügt und die Signale von Kunden, Geschäftspartnern, Kollegen oder Vorgesetzten richtig einzuschätzen weiß, hat im Verkaufsgespräch und in Verhandlungen einen eindeutigen Vorteil. Diese Soft Skills spielen inzwischen eine entscheidende Rolle, wenn es darum geht, im Geschäftsleben die Nase vorn zu haben.

Psychologie ist beim Verkauf deshalb so wichtig, weil Entscheidungen vor allem emotional getroffen werden. Nur vergleichsweise wenige Produkte konkurrieren ausschließlich über die Faktoren Qualität und Preis. Es sind meist andere, nicht produktbezogene Faktoren, die den Unterschied machen und letztlich kaufentscheidend sind, zum Beispiel Vertrauen, Glaubwürdigkeit, Sympathie und erfüllte Erwartungshaltung.

Auch die Zeit spielt eine wichtige Rolle. Studien haben ergeben, dass die volle Aufmerksamkeit eines Kunden oder Verhandlungspartners nur etwa 20 Minuten anhält. Danach sinkt die Konzentrationskurve kontinuierlich. Sie müssen Ihren Verhandlungspartner also von Anfang an »packen«, sein Interesse gewinnen und ihn auf emotionaler Basis erreichen – ihm also auf der Beziehungsebene begegnen. Sie ist die wichtigste Voraussetzung für einen erfolgreichen Geschäftsabschluss.

Leisten Sie Detektivarbeit

Das A und O einer erfolgreichen (Verkaufs-)Verhandlung ist eine gelungene verbale und nonverbale Gesprächsführung. Dazu gehört die offene Fragetechnik, um deutliches Interesse zu signalisieren und mehr über die Wünsche des anderen zu erfahren. Das wichtigste Gebot lautet deshalb: zuhören! Erst wenn Sie über die Beweggründe und Bedürfnisse Ihres Gegenübers informiert sind, können Sie optimal reagieren und haben ein wertvolles Kundenverbindungstool geschaffen.

Setzen Sie auf Schlüsselreize

Haben Sie herausgefunden, welches Bedürfnis oder Kaufmotiv den Interessenten bewegt, können Sie mit gezielten Schlüsselreizen präsentieren. 70 Prozent aller Urteile im Verkaufsgespräch werden im Unterbewusstsein gefällt, beeinflusst von Schlüsselreizen. Das sind keine nüchternen Fakten und Daten, sondern emotionale Signale. Dazu zählen alle Sinneseindrücke wie Töne, Bilder, Gerüche, haptische Signale und Geschmacksreize. Diese sprechen direkt das limbische System im Gehirn an, das für die Bewertung von Produkten und Dienstleistungen und die Einschätzung von Menschen verantwortlich ist und eine entscheidende Funktion bei Kaufprozessen hat. Dabei handelt es sich um Prozesse, die völlig unbewusst ablaufen, obwohl wir meist davon überzeugt sind, rein sachliche und rationale Entscheidungen zu treffen. Ein absoluter Trugschluss!

Programmieren Sie sich auf Erfolg

Um ein Verkaufsgespräch oder eine Verhandlung positiv zu beeinflussen, sollten Sie immer die entsprechende Einstellung haben: Sie müssen den Erfolg wirklich wollen. Nur wenn Sie sich mental auf Erfolg programmieren, wird er sich auch einstellen. Konkret bedeutet das: Gehen Sie positiv und optimistisch in das Verkaufsgespräch. Freuen Sie sich auf den Kunden und einen erfolgreichen Abschluss. Nur dann strahlen Sie auch die nötige Selbstsicherheit und Zuversicht aus, um mit Ihrem Produkt zu überzeugen. Das setzt jedoch eine ehrliche Sympathie Ihrem Verhandlungspartner gegenüber voraus. Versuchen Sie, ihn für sich zu gewinnen; am einfachsten, indem Sie mit gutem Beispiel vorangehen und ihm genau die Sympathie entgegenbringen, die Sie sich von ihm wünschen.

So punkten Sie im Verkaufsgespräch

Überlegen Sie sich vor jedem Verkaufsgespräch und jeder Verhandlung, mit welcher inneren Haltung Sie das Gespräch führen möchten. Bleiben Sie fokussiert, verlieren Sie Ihr Ziel nie aus den Augen. Reagieren Sie flexibel auf Statussignale, die die Grundlage für eine erfolgreiche Kommunikation sind. Möchten Sie eine vertrauensvolle Ebene herstellen? Dann schaffen Sie eine positive Atmosphäre. Behandeln Sie Ihr Gegenüber als gleichwertigen Partner, dem Sie Vertrauen und Kooperationsbereitschaft entgegenbringen. Folgende Maßnahmen wirken:

Betreiben Sie Mentalhygiene!

Unsere geistige und emotionale Verfassung wirkt sich direkt auf unser Verhalten aus – und damit auch auf den Eindruck, den wir unserer Umwelt vermitteln. Ergo sollten wir nicht nur auf unseren körperlichen Ausdruck achten, sondern auch auf unsere seelische und geistige Haltung. Experten sprechen in diesem Fall von »Mentalhygiene« oder »Mental Health«.

In der Praxis bedeutet das, die Gedanken und Gefühle bewusst auf anstehende Verkaufsgespräche oder Verhandlungen einzuschwören und sich entsprechend vorzubereiten. Oder einfacher ausgedrückt: Sie können Ihr Denken und Fühlen zugunsten Ihrer eigenen Ziele positiv beeinflussen, indem Sie – wie es beispielsweise Spitzensportler tun – Ihre Psyche auf genau das programmieren, was Sie gern erreichen möchten. Wenn Sie Ihr persönliches Ziel erst einmal mental verankert und damit immer klar vor dem geistigen Auge haben, wird Ihr Körper alles daransetzen, dieses zu erfüllen beziehungsweise es nach außen repräsentieren.

Ein freundliches Gesicht wirkt Wunder

Um herauszufinden, ob uns ein Mensch sympathisch oder unsympathisch ist, schauen wir ihm als Erstes ins Gesicht. Achten Sie also auch selbst darauf, einen positiven, offenen Gesichtsausdruck zu vermitteln. Doch Achtung: Ein aufgesetztes Lächeln wirkt unnatürlich, weil die Augen nicht daran beteiligt sind. Bei einem echten Lächeln entstehen kleine Fältchen um die Augen, und die Augenbrauen senken sich leicht. Damit Sie aufrichtig lächeln können, konzentrieren Sie sich auf die positiven Aspekte des Gesprächs:

◆ Freuen Sie sich, diesen Menschen kennenzulernen, denn er könnte ein interessanter Kontakt (etwa für Networking) und ein späterer Kunde sein.

◆ Wenn der Verhandlungspartner zeigt, dass er auf etwas stolz ist, dann freuen Sie sich mit ihm und zeigen ihm das auch.

◆ Zeigen Sie Ihre Dankbarkeit für die geschenkte Zeit oder dafür, dass Sie ein Angebot abgeben dürfen.

- Schenken Sie Ihrem Gegenüber Ihre volle Aufmerksamkeit. Präsenz ist das Zauberwort jedes Verkaufsgesprächs.
- Darüber hinaus können auch leichte Berührungen Sympathien wecken. Achtung: Der Ranghöhere kann den Rangniedrigeren berühren, nicht umgekehrt.

Verräterische Merkmale

Dass Menschen nicht aufrichtig sind, lässt sich häufig an einer Veränderung ihrer paralinguistischen Merkmale erkennen, also den üblichen Stimmeigenschaften und dem Sprechverhalten. Sie verändern beispielsweise die Tonlage, die Lautstärke, den Sprachrhythmus oder die Sprechgeschwindigkeit. Manchmal sehr auffällig und für jedermann wahrnehmbar.

Statusdenken – kleine Machtmittel zum Erfolg

Wer Autorität hat, demonstriert das auch mit seiner Körpersprache und sorgt mit einer Fülle unscheinbarer Kleinigkeiten für den Erhalt seines Status. Statusverhalten ist bei Verhandlungen ein Indikator dafür, welche Einstellung die Verhandlungspartner zueinander haben.

Leicht zu entschlüsseln

Menschen mit einem höheren Status …
- nehmen viel Raum ein: breiter Stand, beide Beine fest auf dem Boden,
- erheben leicht ihr Kinn und blicken von oben herab, wollen vieles überblicken,
- suchen deutlich weniger aktiven Blickkontakt zum Statusniedrigeren,
- machen sich »groß« und bauen Spannung im Körper auf,
- stemmen ihre Arme in die Hüften,
- gestikulieren mit dynamischen, klaren Armbewegungen,

- sprechen mit fester Stimme,
- haben einen selbstbewussten Gang: große Schritte, einen festen Auftritt,
- nehmen am Tisch eine exponierte Stelle ein: Sie sitzen mit dem Rücken zur Wand und blicken Richtung Tür oder sitzen am Kopf-ende des Tisches oder auf einem besonderen Stuhl, zum Beispiel mit Armlehnen,
- sitzen breit in ihrem Stuhl und legen ihre Arme auf dem Tisch ab,
- lehnen sich häufiger im Stuhl zurück und betrachten vieles scheinbar völlig unbeteiligt aus der Distanz,
- beanspruchen mehr Raum am Tisch,
- laufen immer einen Schritt voraus.

Menschen mit einem niedrigeren Status …
- machen sich eher schmal: enger Stand, haben das Gewicht häufig auf nur einem Bein,
- blicken von unten nach oben,
- nehmen häufig Blickkontakt mit dem Statushöheren auf,
- halten sich mit einer Hand am anderen Arm fest oder verschrän-ken ihre Arme auch hinter dem Rücken,
- gestikulieren mit kleinen, fahrigen Armbewegungen,
- zeigen ein unsicheres »Unschulds-Lächeln«,
- gehen einen Schritt hinterher,
- neigen häufiger den Kopf,
- lassen den Oberkörper im Stehen und im Sitzen einfallen,
- nehmen im Sitzen eine schmale Haltung ein,
- sprechen mit einer dünnen und eher leisen Stimme.

Deutliche Machtsignale

Neben nonverbalen Zeichen, die den eigenen empfundenen Status wi-derspiegeln, gibt es unterschiedliche Varianten von körpersprachlichen Machtsignalen. Manche geben Aufschluss darüber, wie jemand das Kräfteverhältnis zwischen sich und seinem Gegenüber einschätzt. In den folgenden Beispielen geht es um eine bestimmt Art von Status- oder Machtsignalen: Sie sollen andeuten, dass die Person sich stärker fühlt und das auch zeigen möchte. Ob das letztlich so ist, wird sich erst später herausstellen. Zur Unhöflichkeit ist es mitunter nur ein kleiner Schritt und wer sich so gebärdet, befindet sich auf einer gefährlichen Gratwanderung:

- Ihr Verhandlungspartner lässt Sie warten, verzichtet auf Blickkontakt und arbeitet demonstrativ weiter.
- Er begrüßt Sie ohne Handschlag oder mit zu festem Händedruck, seine Hand drückt die Ihre nach unten.
- Mit fixierendem Blickkontakt versucht er, Sie emotional einzuengen und zu irritieren. Trotzdem schenkt er Ihnen ein (überlegenes) Lächeln.
- Er komplimentiert Sie mit einer hinweisenden Handbewegung zu Ihrem Platz. Dieser ist wenig komfortabel (etwa mit dem Gesicht zu einer grellen Lichtquelle).
- Er nimmt mit seinen Gesten viel Raum ein und setzt auf wenige, aber markante Handbewegungen.
- Seine Körperhaltung ist voller Energie und Spannung.
- Sein Nacken wirkt sehr steif, der Blick ist streng und fokussierend.
- Er zeigt bei Ihren Ausführungen ein zynisches Lächeln, bei dem sich eine Lippenseite nach oben zieht.
- Er bleibt während des Gesprächs beharrlich hinter seinem Schreibtisch sitzen, obwohl ein Besprechungstisch im Raum zur Verfügung steht.
- Er zeigt generell eine breite Haltung. Armlehnen (im Flugzeug) und Tische (in der Kantine) beansprucht er zu mehr als 50 Prozent.
- Während Sie sprechen, schaut er demonstrativ weg oder tut andere Dinge (etwa im Kalender blättern oder sich mit dem Computer beschäftigen).
- Er greift quer über den Tisch in Ihr Territorium ein.
- Er nutzt gern den gestreckten Zeigefinger, seine Brille oder einen Stift, um damit – wie mit einer Art Waffe – auf Sie zu zeigen.
- Er steht während des Gesprächs plötzlich auf und hält einen Monolog »von oben herab«.
- Er versucht durch den demonstrativen Blick auf die Uhr Zeitdruck auszuüben.
- Er klopft Ihnen gern auf die Schulter.

Die richtigen Gesten für handfesten Erfolg

Vom Gehirn zu den Händen bestehen mehr Verbindungen als zu den sonstigen Körperteilen. Gesten mit Ihren Händen unterstreichen deshalb am stärksten, was Sie sagen. Bei temperamentvollen Menschen wirkt auch eine ausgeprägte Gestik natürlich, introvertierte Personen gestikulieren naturgemäß weniger stark. Lassen Sie Ihre Hände am besten so sprechen, als würden Sie sich mit einem guten Kumpel unterhalten. Hier einige Tipps und No-Gos:

◆ Der Grundsatz für eine gute Gestik lautet: Handbewegungen oberhalb der Taille wirken positiv, unterhalb der Taille negativ. Im zweite Fall signalisieren sie entweder Gleichgültigkeit oder Unsicherheit. Da bei einem Gespräch im Sitzen Ihre Gesten sowieso im oberen Körperbereich verlaufen, sollten Sie zusätzlich darauf achten, Gesten von unten nach oben auszuführen und nicht umgekehrt. Vermeiden Sie außerdem »wegwerfende« oder »abweisende« Handbewegungen.

◆ Unsichtbare Hände wirken negativ. Mit Händen in den Hosentaschen signalisieren Sie Gleichgültigkeit. Hinter dem Rücken oder unter dem Tisch verborgene Hände wirken, als hätten Sie etwas zu verbergen.

◆ Seien Sie sparsam mit sogenannten Hand-Gesicht-Gesten. Das sind Berührungen im Gesicht. Die meisten Hand-Gesichts-Berührungen wirken negativ. Zwar kann jemand, der mit der Hand übers Kinn streicht, nachdenklich und selbstsicher wirken. Generell sollten Sie Ihre Hände aber von Ihrem Gesicht fernhalten und diese lieber für gezielte und bewusste Gesten nutzen.

◆ Ein No-Go sind auch »bedrohliche« Gesten, deren Wirkung uns oft gar nicht bewusst ist, wie beispielsweise eine geballte Faust oder ein ausgestreckter Zeigefinger. Doch verwenden Sie den ausgestreckten Zeigefinger, wenn Sie knallhart etwas durchsetzen wollen.

◆ Vermeiden Sie es auch, mit »Spielzeug«, wie beispielsweise einem Kugelschreiber, herumzufuchteln oder gar damit auf Ihr Gegenüber zu zeigen. Eine solche Geste ist sehr unhöflich und wirkt dominant oder bedrohlich. Positiv dagegen: Hände mit nach oben gerichteten Innenflächen signalisieren, dass Sie offen und bereit sind, etwas zu geben, aber auch anzunehmen.

- Wollen Sie Aufmerksamkeit erzeugen, dann verwenden Sie den »Achtung-Finger«, nach dem Motto: »Alle mal herhören, ich habe nun etwas Wichtiges zu sagen.« Strecken Sie den Zeigefinger nach oben.
- Strahlen Sie Souveränität und Gelassenheit aus, indem Sie ruhige und stehende Gesten verwenden. Besser weniger Gesten, aber diese dann pointiert einsetzen.

Special: Die Sitzhaltung entscheidet

In Verhandlungen und Verkaufsgesprächen sitzen wir in der Regel nach der Begrüßung mit unserem Gegenüber am Tisch. Auch wenn uns diese Position weniger Spielraum für unsere Gesten lässt, gilt es einiges zu beachten, um auch sitzend eine gute Figur zu machen und durch unsere Körpersprache zu überzeugen.

Die aktiv wirkende Sitzhaltung

Sitzen Sie nicht – wie auf dem Sprung – nur auf der Stuhlkante. Das Herumlümmeln, das zu Hause auf dem Sofa okay ist, ist hier auf dem Bürostuhl natürlich auch keine Option. Achten Sie stattdessen auf eine offene und aktive Sitzhaltung: Nehmen Sie den Stuhl, auf dem Sie sitzen, ganz ein; heben Sie Ihr Brustbein an, halten Sie den Kopf gerade und stellen Sie beide Beine fest auf den Boden.

Nun nehmen Sie den weiteren Raum ein. Legen Sie die Hände weder wortwörtlich in den Schoß noch gefaltet auf den Tisch. Sie sollten Ihre Hände auch nicht verknoten oder schüchtern zwischen den Beinen vergraben. Legen Sie stattdessen hin und wieder die Arme locker auf die Stuhllehnen oder – falls diese nicht vorhanden sind – links und rechts auf den Tisch. Auch damit nehmen Sie mehr Raum ein und Ihre natürliche Gestik kommt optimal zum Tragen. In dieser Sitzposition wirken Sie aktiv und handlungsbereit.

Was die Sitzhaltung verrät

Die Art und Weise, wie jemand sitzt, erlaubt auch Rückschlüsse auf seine Stimmung und die Handlungsbereitschaft gegenüber dem Gesprächspartner:

◆ Was bedeutet es, wenn jemand mit nach vorn geneigtem Oberkörper vor Ihnen sitzt? Es deutet auf Interesse Ihnen gegenüber hin.

◆ Wird diese Person auch handeln? Handlungsbereitschaft erkennt man an den Beinen. Wenn die Füße leicht hinter die Knie geschoben sind, kann diese Person sofort aufstehen und handeln. Wenn die Unterschenkel senkrecht nach unten zeigen oder wenn die Füße vor die Knie geschoben sind, funktioniert das jedoch nicht.

◆ In einem anderen Körpersprache-Buch habe ich einmal gelesen: »Frauen, die die Beine verschränken, sind nicht in der Lage zu handeln.« Blödsinn. Es wirkt einfach nicht feminin, wenn eine Frau, die einen Rock trägt, in Cowboyhaltung auf dem Stuhl sitzt. Übereinandergeschlagene Beine sind also völlig in Ordnung. Und auch diese Position erlaubt es, sofort aufzustehen und zu handeln.

◆ Achten Sie auch auf die Fußspitze Ihres Verhandlungspartners. Zeigt die Fußspitze direkt zu Ihnen, ist das ein Signal von Interesse. Was bedeutet es, wenn sich die Fußspitze dem Gegenüber zuwendet, sich kurz wegdreht und sich dann wieder zuwendet? »Das gefällt mir, das schiebe ich weg, das gefällt mir auch.«

◆ Jemand sitzt oder steht vor Ihnen und zeigt Ihnen die kalte Schulter? Das kann bedeuten, dass die Person kein Interesse hat oder Ihnen NOCH nicht vertraut.

◆ Für einen plötzlich zurückgelehnten Oberkörper gibt es zwei Gründe: 1. Die Person hat Bedenken, ist kritisch oder hat eine innere Abneigung. 2. Sie wollten Ihr Gegenüber überzeugen. Jetzt haben Sie Ihr Ziel vielleicht erreicht und Ihr Gesprächspartner hat sich von seinen eigenen Ideen verabschiedet. Den tatsächlichen Beweis erhalten Sie, wenn er nickt.

◆ Hebt eine Person die Fußspitze im Sitzen, so deutet dies auf Abwehr hin – das imaginäre Bremspedal.

◆ Dann gibt es noch das Fluchtbein: Die Fußspitze zeigt meistens zu einer Raumöffnung (Tür oder Fenster). Diese Haltung demonstriert eine innere Anspannung. Wenn jemand so steht, möchte er am liebsten aus dieser unbehaglichen Situation flüchten.

Auf den Punkt: Die 10 wichtigsten Tipps für erfolgreiche Verhandlungen und Verkaufsgespräche

1. Souverän von Anfang an! Sie wollen am Ende des Gesprächs als Gewinner hervorgehen? Dann verhalten Sie sich von der ersten Sekunde an wie einer. Nicht arrogant, aber selbstbewusst und siegessicher.

2. Ebenbürtiges Gespräch! Begegnen Sie Ihrem Verhandlungspartner immer auf Augenhöhe. Wer sich untergeben fühlt, geht eher in Abwehrhaltung und lässt sich schwerer überzeugen.

3. Distanzzone respektieren! Wenn Sie einem Kunden zu sehr auf die Pelle rücken, erreichen Sie eher das Gegenteil. Zu distanziert sollten Sie aber auch nicht wirken.

4. Freundlichkeit ist die halbe Miete! Ein freundliches Lächeln, eine sympathische Begrüßung und eine offene Körpersprache sind schon der halbe Verkaufserfolg.

5. Hände hoch! Ihre Hände sollten nicht nur unbedingt sichtbar sein, sondern auch mit positiven Gesten Ihre Argumente unterstreichen. Negative, abwehrende oder gar bedrohliche Gesten sind absolut tabu.

6. Von Angesicht zu Angesicht! Wollen Sie jemanden überzeugen, müssen Sie sich auch zu 100 Prozent Ihrem Gegenüber widmen. Also: nicht abwenden oder den anderen seitlich liegen lassen.

7. Studieren Sie Ihr Gegenüber! Ihr Gesprächspartner versucht mit kleinen Machtgesten u. Ä. die Verhandlung nach seinen Vorstellungen zu lenken? Steuern Sie subtil dagegen.

8. Strahlen Sie Ruhe aus! Je überzeugter Sie von Ihrem Angebot sind – und entsprechend wirken –, umso schneller überzeugen Sie auch Ihre Kunden.

9. Interesse zeigen! Geben Sie Ihrem Gesprächspartner ein gutes Gefühl, indem Sie ihm deutliches Interesse signalisieren: mit hingeneigtem Oberkörper, leichtem Nicken usw.

10. Für Stimmung sorgen! Nur wer sich wohlfühlt, lässt sich überzeugen. Dafür müssen auch die Rahmenbedingungen stimmen. Sorgen Sie für eine angenehme Gesprächsatmosphäre.

6. Körpersprache erfolgreicher Führungskräfte

Führungskompetenz zu definieren, ist alles andere als einfach. Natürlich sind Faktoren wie ein gewisses Maß an Autorität, feste Prinzipien, Durchsetzungskraft, Zuverlässigkeit und eine konsequente Handlungsweise wichtig für einen Chef, der ernst genommen werden möchte. Solche Hard Skills sind aber nicht alles. Nur wer auch in den »soften« Disziplinen wie Empathie, soziale und emotionale Intelligenz oder Teamgeist punktet, kann in die Liga der wahren Führungspersönlichkeiten aufsteigen.

Ein ausgeprägtes Kommunikationstalent ist in beiden Bereichen enorm wichtig. Wer sich in jeder Situation richtig auszudrücken vermag, wird seine Botschaft wie gewünscht an den Mitarbeiter bringen. Das setzt neben rhetorischem Talent den optimalen Einsatz der Körpersprache voraus. Schließlich entscheidet gerade bei einer Führungskraft das Auftreten darüber, wie sympathisch, kompetent und überzeugend sie wahrgenommen wird. Und hier zeigt sich das wahre Führungstalent. Der Grund: Bei der Körpersprache, die sich viel weniger steuern lässt als die Sprache selbst, ist es deutlich schwieriger, den »richtigen Ton« zu treffen, um zu überzeugen und zu führen.

Deshalb wundert es nicht, dass erfolgreiche Führungskräfte eine ganz besondere Körpersprache sprechen. Interessant, was eine weltweit agierende PR-Agentur herausfand: Steigt der persönliche Reputationswert eines Managers um zehn Prozent, erhöht sich der Börsenwert des dazugehörigen Unternehmens um 24 Prozent.

Die Führungskraft von heute

Weihnachtsveranstaltungen, Produkteinführungen, Kundenevents, Jahresauftaktveranstaltungen, Aktionärsversammlungen – all diese Termine waren lange Zeit sowohl für Mitarbeiter als auch für Kunden, die Presse und Aktionäre die pure Langeweile. Die Vertreter der Unternehmensführung traten fast ausnahmelos als strenge und ernste Zahlenmenschen auf. Eine Definition, die sich zum Glück überholt hat.

Heute heißt es: Bühne frei für die Führungspersönlichkeit! Wobei die Betonung auf »Persönlichkeit« liegt. Aus langweiligen Veranstaltungen sind – im Idealfall – hochkarätige Events geworden. Mitarbeiter müssen keine endlosen PowerPoint-Präsentationen mehr fürchten, statt Grafik- und Zahlendschungel steht nun der CEO im Fokus mit seiner Geschichte und seiner Performance. Der »Chief Executive Officer« wurde zum »Chief Entertainment Officer«.

Das heißt jedoch nicht, dass sich die Chefs nun alle in Hollywoodstars verwandeln müssen. Es geht vielmehr darum, die individuellen Stärken zu identifizieren und deutlich nach außen zu tragen. Vorab muss jede Führungspersönlichkeit ehrlich reflektieren, ob ihre Marke mit den Werten des Unternehmens übereinstimmt. Niemand sonst ist so sehr Wertevermittler wie die Person an der Spitze. Die Wirkungskompetenz hat die Sachkompetenz als Qualitätskriterium für Führungspersönlichkeiten mittlerweile abgelöst und damit den Grundstein für eine neue Generation von »Leadern« gelegt.

Entscheidend: die Wirkungskompetenz

Früher trugen in erster Linie Produkte oder Unternehmen einen symbolträchtigen Namen. Selten wurden sie in der Außendarstellung mit einer bestimmten Person verknüpft. Heute gibt es immer häufiger einen Namen und ein Bild beziehungsweise eine Person, die eine Firma und deren Angebot repräsentiert.

Politiker und andere Entscheidungsträger hatten früher die Möglichkeit, sich zurückzuziehen und fernab der Öffentlichkeit in relativer Ruhe über wichtige Entscheidungen zu diskutieren und Prozesse und Strategien zu entwickeln. Heute ist meist schnelles Handeln gefordert. Sprich: Entscheidungen müssen in kurzer Zeit getroffen und souverän vermittelt werden. Diese Aufgabe kommt den Menschen an der Spitze zu, die nicht nur das Unternehmen und dessen Produkte und Dienstleistungen vertreten. Sie füllen auch eine gewisse Identifikationsrolle für jeden Mitarbeiter aus und tragen erheblich zur Außenwirkung in der Öffentlichkeit bei.

Wirken mit Emotionen

Stellen Sie sich eine ganz normale Jahresauftaktveranstaltung vor: Der Chef betritt die Bühne, legt das Manuskript auf das Rednerpult, setzt die Professorenbrille auf die Nase, krallt die Finger am Pult fest und beginnt mit seiner Leseübung: »Die letzten Jahre waren nicht einfach. Unsere festgelegten Strategien wurden konsequent umgesetzt und waren erfolgreich. Wie die aktuellen wirtschaftlichen Entwicklungen zeigen, stehen uns noch einige Herausforderungen bevor. Mit einer strategischen Neuausrichtung werden wir neue Potenziale erschließen …« und so weiter und so fort.

Wie glaubwürdig ist eigentlich ein Entscheidungsträger, wenn er eine Rede so monoton abliest? Mit leeren Worthülsen, ohne Esprit, Emotion und Leidenschaft? Schafft er es mit dieser Methode, seine Mannschaft hinter sich zu bringen? Sind solche Aktionen überhaupt noch erlaubt? Die klare Antwort lautet: Nein! Damit erzeugen Sie nur Gleichgültigkeit und Antipathie. Die meisten Wirtschaftsführer nehmen sich nicht die Zeit, mit vollem persönlichem Einsatz ihre Mannschaft zu erobern. Hier mangelt es schlicht an Präsenz und daraus folgend an Glaubwürdigkeit.

Ohne Enthusiasmus hat eine Führungskraft über kurz oder lang verloren. Enthusiasmus ist die Basis und die Voraussetzung für eine perfekte Wirkungsleistung. Es ist ein Irrglaube – besonders in europäischen Ländern –, dass »die Sache« im Vordergrund steht. Nur mit Sachargumenten erreichen und überzeugen Sie niemanden. Menschen gewinnen Sie nur mit Ihrem Herzen. Sie können die besten Redenschreiber engagieren, die besten Coaches beauftragen, intelligent sein und entscheidungsfreudig agieren – wenn Sie nicht mit Enthusiasmus bei der Sache sind, werden Sie über kurz oder lang scheitern, denn dann fehlt der Funke, der überspringt. Führung ist auch die Kunst, Glauben zu erwecken.

Ihre Mitarbeiter sollten Sie nicht nur als Faktengräber, sondern als Mensch erleben. Als Mensch mit Emotionen, der lachen, empört oder erschüttert sein kann, der in der Lage ist, Gefühle auch zu zeigen. Dafür bedarf es keiner Worte, rhetorische Perfektion ist nebensächlich. Doch zeigen Sie nur echte Gefühle. Das, was Sie sagen, muss von Herzen kommen. Sonst wirken Sie unglaubwürdig.

Verabschieden Sie sich von blutleeren Manuskripten. Verabschieden Sie sich von der Coolness und begeistern Sie Ihre Mitarbeiter in Einzelgesprächen, Meetings oder Veranstaltungen mit Ihrer Wirkungsleistung. Wie sagte schon der Philosoph Johann Gottfried Herder so treffend: »Ohne Begeisterung schlafen die besten Kräfte unseres Gemütes. Es ist ein Zunder in uns, der Funken will.« Das hat nicht nur im Unternehmen selbst Gültigkeit, sondern auch in der Öffentlichkeit.

Harte Fakten

Nach der Studie eines deutschen Meinungsforschungsinstituts aus dem Jahr 2006 kommt es bei der Wirkung einer Rede lediglich zu 19 Prozent auf den Inhalt an, 26 Prozent machen Stimme und Gestik aus und 55 Prozent entfallen auf die Art des Vortragens und die Persönlichkeit des Redners.

Die Macht der Medien

Unternehmen sind heute auch durch die enorme Präsenz der Medien zur zügigen Informationsvermittlung gezwungen. Deshalb müssen die Entscheidungsträger in der Lage sein, schnell zu agieren und sich auf Knopfdruck optimal zu inszenieren. Ein falsches Wort, eine unsichere Geste, ein unpassender emotionaler Ausdruck – und die gesamte Welt weiß es innerhalb von wenigen Stunden oder gar Minuten.

Noch dazu besitzen Medien eine enorme Kraft, um Emotionen zu erzeugen. Sie gehen dafür nicht unbedingt immer und ausschließlich vom objektiven Sachverhalt aus, sondern bewerten auch den Menschen, der diesen Sachverhalt vorträgt. Ein Kommunikations- und Medienforscher hat bereits 1999 festgestellt, dass der visuelle Eindruck den menschlichen Verstand sehr stark beherrscht. Das heißt also auch, dass nonverbale Signale eine wesentlich höhere Wirkung als Worte haben. Der Mensch bildet sich in Bruchteilen von Sekunden ein unbewusstes Urteil über sein Gegenüber. Selbst kurze Bildsequenzen von Politikern oder Entscheidungsträgern in Fernsehsendungen oder im Netz führen beim Zuschauer zu einer kognitiven und affektiven Wirkung.

Wer diesen Effekt früh erkannt hatte, war der ehemalige »Medienkanzler« Gerhard Schröder. Sein Statement: »Erfolg ist immer ein durch Medien vermittelter Erfolg – oder es ist kein Erfolg.« Kein Wunder, dass Politiker und herausragende Vorstände mittlerweile allesamt einen Medienberater beschäftigen. Der Grund: Wirtschaftsmanager sind heutzutage sehr darauf bedacht, bei ihren Auftritten vor Aktionären, der Presse, Analysten, der Öffentlichkeit und nicht zuletzt vor ihren Mitarbeitern mit einer guten Performance zu glänzen. Sie wissen um die Macht der Körpersprache und benutzen für ihre Auftritte Strategien, die man sonst aus dem Event- oder Show-Bereich kennt: perfekte Beleuchtung, außergewöhnliche Bühnengestaltung, dynamische »Showeinlagen« und eine möglichst bestechende und überzeugende Rhetorik, Gestik und Mimik. Kurz: Sie inszenieren sich.

Erinnern Sie sich an folgende Inszenierung? Steve Jobs im obligatorischen schwarzen Rollkragenpullover, die leere Bühne und ein neues Apple-Produkt genügten, um das Publikum zu begeistern. Es gab keinerlei Elemente, die von der revolutionären Innovation ablenkten. Das Produkt stand zu hundert Prozent im Mittelpunkt und wurde perfekt in Szene gesetzt. Aber alle erinnern sich natürlich auch an Steve Jobs.

Der Weg zum Ziel

Wollen Sie ganz nach oben, dann arbeiten Sie an Ihrer persönlichen Marke – konsequent, überlegt und mit dem Ziel, die Rolle zu verkörpern, die zu Ihrem Typus und Ihrer Profession passt. Entwickeln Sie kontinuierlich Ihre unverwechselbare Identität. Als Führungskraft müssen Sie sowohl für Ihre Mitarbeiter als auch für die Öffentlichkeit klar definiert und sichtbar sein. Erarbeiten Sie sich das Vertrauen der Menschen, die für Sie arbeiten, agieren Sie integer und glaubwürdig und – das Wichtigste überhaupt – halten Sie, was Sie versprechen.

Die eigene Rolle finden – Selbstreflexion ist das A und O

Ich wurde vor einigen Jahren von einem Personalleiter in den Konzern eines Unternehmens gerufen. Dort sollte ich an der Überzeugungskraft einer Führungskraft arbeiten. Ehrlich gesagt begegnete mir dieser Mann recht widerwillig. Was auch verständlich ist. Das Erste, was ich von ihm zu hören bekam, war: »Ich möchte mich nicht verbiegen! Ich bin, wie ich bin.« Und ich dachte mir: »Tja, und was können die Mitarbeiter dafür?«

Alles dreht sich heutzutage um Authentizität. Es gibt zig Ratgeber in Buchform zu diesem Thema. Aber damit nicht genug. Man bekommt inzwischen sogar schon authentische Lebensmittel. Echt wirken. Glaubwürdig sein. Das ist das Motto dieser Zeit. Doch dabei handelt es sich um einen großen Trugschluss. Schon 1924 erkannte Helmuth Plessner: »Nichts ist künstlicher als der Mensch.« Authentisch sind nur Tiere.

Führungskräfte können es sich nicht erlauben, sich exakt so zu geben, wie sie sich gerade fühlen. Je höher die Position, der Status eines Menschen ist, umso mehr Contenance ist gefragt und umso besser sollte die Selbstdarstellung sein. Führungskräfte werden in ein Unternehmen gerufen und haben dort eine Performance, also auch eine Vorstellung, abzuliefern. Der entscheidende Punkt dabei: Sie müssen authentisch *wirken*! Das ist die Essenz. Niemand kann von sich behaupten: »Ich bin authentisch! Ich bin glaubwürdig! Ich bin echt!« Authentizität benötigt ebenso wie Charisma einen Beobachter – sie muss einem Menschen zugeschrieben werden. Von den Mitarbeitern, den Kunden, den Partnern, den Lieferanten.

Ihr Verhalten sollte konsistent sein. Ihre Umgebung sollte wissen, welche Reaktion und welches Verhalten sie erwarten kann. Nur so erzeugen Sie Vertrauen. Führungskräfte sollten sich davor hüten, ihre wahren Emotionen immer zu zeigen. Dann wird jedes Meeting schnell zu einer Schlammschlacht und Mitarbeiter suchen das Weite. Stellen Sie sich nur einmal vor, wie es wäre, wenn Sie jedem Mitarbeiter ungefiltert Ihre Meinung an den Kopf werfen würden! Kritik wird bei Mitarbeitern wie durch eine Lupe überdimensional groß wahrgenommen. Bei Führungskräften sind Impuls- und Affektkontrolle wesentliche Voraussetzungen für eine erfolgreiche Zusammenarbeit. Nur so entsteht eine vertrauensvolle und lang anhaltende Bindung.

Ein treffender Rat des Management-Experten Reinhard K. Sprenger lautet: »Seien Sie immer spontan im Positiven und zurückhaltend und reflektiert im Negativen.« Das heißt nicht, dass Sie auf Kritik verzichten sollten. Im Gegenteil, Mitarbeiter sind dankbar für eine Rückmeldung, aber diese sollte immer mit Empathie vorgetragen werden.

Was ist der Schlüssel zu Ihrer wahren Authentizität? Ganz einfach: das Wissen um Ihre Wirkung und die bewusste Entscheidung, wann Sie welche Facette Ihrer Persönlichkeit einsetzen. Als Führungskraft schlüpfen Sie tagtäglich in unterschiedliche Rollen. Sie agieren in einem Mitarbeitergespräch anders als in einem Kundengespräch oder beim Rapport an den Vorgesetzten. Ganz zu schweigen von Ihren privaten Rollen, wenn Sie mit Ihren Kindern sprechen oder mit Freunden.

Unser Verhalten ist je nach Situation und Umfeld durchaus unterschiedlich – wir sind sozusagen permanent anders. Wie hat es schon der Schriftsteller Arthur Schnitzler so treffend ausgedrückt: »Wir wissen nichts von anderen, nichts von uns. Wir spielen immer, wer es weiß, ist klug.« Wichtig und relevant ist nur, dass Ihr Inneres mit dem Äußeren übereinstimmt, also Gedanken und Körpersprache eine Einheit ergeben. Die Performance muss zu Ihrer Persönlichkeit passen. Ihre Rollen müssen Sie internalisieren und das erfordert permanente Selbstreflexion und Übung.

Stellen Sie sich als Erstes folgende Fragen: Wie wollen Sie wirken? Was soll das Verhalten bewirken? Wie wirken Sie jetzt? Wie nehmen andere Sie wahr? Klaffen Selbst- und Fremdbild möglicherweise auseinander? Was müssen Sie dafür tun, damit es kongruent wirkt? Haben Sie die Antworten auf diese Fragen gefunden, heißt es, die Erkenntnisse umzusetzen – gedanklich und körperlich. Und das erfordert intensives Training. An seiner Wirkung zu arbeiten, ist wie eine Reise in unbekannte Länder: Man entdeckt immer wieder neue, bereichernde Facetten, die den Horizont erweitern. Viel Spaß auf Ihrer Reise.

Führen heißt: adäquat kommunizieren

Angenommen, Sie haben ein spannendes Projekt zu stemmen und die erste Teamsitzung mit Ihren neuen Mitarbeitern steht an. Sie sind spät dran und betreten hektisch den Konferenzraum. Sie lächeln den Anwesenden kurz zu, während Sie Ihren Laptop auf den Tisch stellen. Anschließend begrüßen Sie alle herzlich, stellen sich vor und bitten dann die Teammitglieder, sich ebenfalls einzeln vorzustellen. Einer nach dem anderen kommt diesem Wunsch nach. Währenddessen klappen Sie Ihren Laptop auf und fahren ihn hoch. Sekunden später läutet Ihr Handy, Sie drehen sich weg und nehmen das Gespräch an. Und zu guter Letzt holen Sie sich noch einen Kaffee.

Die Folge: Nachdem sich das letzte Teammitglied vorgestellt hat, denken Sie wahrscheinlich, dass Sie es mit ziemlich mürrischen Mitarbeitern zu tun haben. Die Mitarbeiter wiederum betrachten Sie vermutlich als uninteressierten und inkompetenten Chef. Kein Wunder bei so einem Start, oder?

Leider kommen solche Szenen viel häufiger vor als gedacht, obwohl die Konsequenz eigentlich auf der Hand liegt. Jeder, der eine leitende Position bekleidet, sei es an der Spitze eines Konzerns oder als Leiter eines unternehmensinternen Teams, sollte sich eines immer wieder bewusst machen: Mitarbeiter sind das höchste Gut, das Führungskräfte haben, auf welcher Ebene auch immer. Ohne Menschen, die es zu »führen« gilt, wird jeder Chef sofort überflüssig. Auch wenn die Person an der Spitze über ein großes Stück mehr Macht verfügt, so ist sie doch immer auf das Team angewiesen. Ein respektvolles und faires Miteinander sollte oberste Priorität haben und sowohl durch die verbale als auch die nonverbale Kommunikation zum Ausdruck kommen.

Das A und O der souveränen Körpersprache

Nichts gibt Ihnen besser Auskunft über Ihr Standing im Unternehmen als das Verhalten Ihrer Mitarbeiter. Verstummen die Gespräche, wenn Sie auf Mitarbeiter treffen, drehen sie sich leicht weg, wenn Sie in ihrem Gesichtsfeld erscheinen? Oder nehmen sie beim Vorbeilaufen einen extremen »Tiefstatus« ein, indem sie bewusst zwei Schritte ausweichen und den Kopf senken? Wenn Sie diese Fragen mit »Ja« beantworten müssen, dann sollten Sie sich Gedanken über Ihren Führungsstil machen und sich als Chef ein wenig hinterfragen. Führen heißt zwar auch fordern, aber nicht dominieren.

Wie jedoch lässt sich eine solche hierarchisch bestimmte Atmosphäre in ein angenehmes, anregendes Miteinander verwandeln, ohne dass Ihre souveräne Wirkung darunter leidet? Ohne Zweifel ist die Ideallösung – gleichzeitig respektierter Chef und sympathischer Kollege zu sein – eine Gratwanderung, aber der Versuch lohnt sich. Oft braucht es dafür im wahrsten Sinn des Wortes nur eine kleine Geste, eine andere Mimik – kurz: etwas mehr Augenmerk auf die eigene Körpersprache.

Das entspannte Gesicht

Sie haben viel um die Ohren, sind meistens hoch konzentriert und arbeiten zwölf Stunden am Tag. Automatisch führt das zu einem strengen Gesichtsausdruck und einem fokussierenden Blick. Dieser Gesichtsausdruck wird von Mitarbeitern, Kollegen und Partnern unbewusst als unzugänglich oder sogar aggressiv wahrgenommen. Automatisch erzeugt er bei anderen Stress und Nervosität, und man wird versuchen, Sie zu meiden. Eine solche Mimik suggeriert potenzielle Gefahr.

Wer stattdessen entspannt und somit automatisch ungefährlich und sympathisch auf sein Umfeld wirken möchte, sollte darauf achten, seine Gesichtsmuskulatur immer wieder bewusst zu entspannen. Eine glatte Stirn ohne Zornesfalte und entspannte Lippen sind Schlüsselsignale, die für ein ausgeglichenes Auftreten sorgen. Bevor Sie also das nächste Mal in ein Meeting gehen, in der Kantine auf Ihre Mitarbeiter treffen oder im Unternehmen unterwegs sind, checken Sie Ihren Gesichtsausdruck.

Eine entspannte Mimik erreichen Sie ganz einfach durch folgende Methode: Spannen Sie Ihre Gesichtsmuskulatur an und lassen Sie nach einigen Sekunden wieder locker. Dann öffnen Sie weit den Mund, ziehen Ihre Augenbrauen nach oben, schneiden ein paar Grimassen und atmen abschließend einige Male tief ein und aus. Mit jedem Atemzug wird Ihr Gesichtsausdruck entspannter. Diese bewährte Methode nutzen übrigens auch Schauspieler kurz vor dem Auftritt.

Das soziale Lächeln

Je höher die Position einer Führungskraft, desto weniger wird gelacht und gelächelt. Das ist zum Teil verständlich, schließlich tragen diese Personen große Verantwortung und müssen häufig Anweisungen geben und delegieren – Faktoren, die wenig förderlich für einen heiteren, lockeren Arbeitstag sind.

Forscher haben außerdem herausgefunden, dass Männer im Berufsalltag viel weniger lachen als Frauen. Bei Frauen wird Lächeln als normal angesehen. Lacht eine Frau nicht, wirkt sie automatisch unfreundlich. Deshalb haben Frauen in Führungspositionen oft mit dem Ruf einer »eisernen Lady« zu kämpfen, wenn sie sich an männliches Verhalten angleichen.

Dass ein Lächeln sich offenbar als weibliche, schwache und unernste Ausdrucksform etabliert hat, ist allerdings mehr als schade. Schließlich ist Lächeln – vor allem das soziale Lächeln, das als Signal gegenüber Mitmenschen eingesetzt wird – eine wichtige Brücke, um in Kontakt zu treten. Probieren Sie es einfach aus: Lächeln Sie, wenn Sie ins Büro kommen, Ihre Assistentin oder einen Mitarbeiter bewusst an.

Testen Sie das Gleiche bei einem fremden Menschen auf der Straße. Mit ziemlicher Sicherheit lächelt Ihr Gegenüber zurück. Wichtiger noch: Sie werden bemerken, dass diese kleine Geste Ihren Tagesverlauf verändern wird. Erwiesenermaßen löst ein Lächeln – mehr noch ein erwidertes Lächeln – im Körper positive Gefühle aus. Vor allem bei Neukontakten sollten Sie bewusst auf ein Lächeln als Kommunikationsmittel setzen, um von Anfang an als sympathisch und kompetent eingestuft zu werden.

Die symmetrische Körperhaltung

Sie repräsentieren ein Unternehmen, vertreten eine Abteilung oder leiten ein Team. Das bedeutet, dass Sie nicht nur einen guten Draht zu Ihren Mitarbeitern herstellen, sondern auch Kompetenz und Stärke vermitteln sollten. Führungskräfte haben schließlich auch eine Vorbildfunktion, der sie auch durch ihr Auftreten gerecht werden müssen.

Dazu gehört die aufrechte Haltung. Sie vermittelt Attraktivität, Gesundheit und Selbstbewusstsein. Stehen Sie dazu fest auf beiden Beinen, lassen Sie Ihre Schultern fallen, heben Sie Ihr Brustbein an und ziehen Sie Ihren Nabel nach innen. Und schon strahlen Sie Vitalität und Kraft aus.

Gehen Sie in einer aufrechten Haltung, Blick nach vorne, nehmen Sie die Arme mit und achten Sie auf ein angemessenes Tempo. Je größer und schneller der Schritt und je stärker Ihre Armbewegungen sind, desto energischer und entschlossener wirken Sie. Ihr Schritttempo sollten Sie der jeweiligen Situation anpassen. Bei einem dringenden Termin wählen Sie die energischere Variante. Möchten Sie ein Vertrauensverhältnis zu einer Person aufbauen, sollten Sie Ruhe ausstrahlen und entsprechend bedächtiger gehen.

Vermeiden Sie kleine Schritte und am Körper anliegende Arme. Damit wirken Sie zögerlich und unsicher und strahlen keinerlei Dynamik aus. Auch auf Ihrem Bürostuhl oder im Besprechungsraum sollten Sie auf eine symmetrische Haltung achten. Hängen Sie nicht schief im Stuhl. Zeigt Ihre Körpersprache in jeder Lebenslage eine Haltung, mit der Sie Energie ausstrahlen, dann werden Sie auch Ihre Mitarbeiter anstecken und zu mehr Aktivität animieren. Wichtig: Schenken Sie in Meetings der gerade sprechenden Person unbedingt Ihre volle Aufmerksamkeit, indem Sie ihr den Oberkörper zuwenden. Wenn Sie sich leicht nach vorne neigen, signalisieren Sie noch deutlicher Ihr Interesse.

Die Sitzordnung

Gerade bei internen Meetings und Gesprächen wird nur selten über die Sitzordnung diskutiert. Dabei kann dieser Aspekt große Auswirkungen auf den Verlauf der Zusammenkunft haben. Es sind verschiedene Varianten denkbar.

◆ **Am runden Tisch: Gleichheit**
Hier fühlen sich alle Beteiligten gleichgestellt. Das Sitzen am runden Tisch eignet sich gut für ein Brainstorming, an dem alle intensiv mitarbeiten sollen.

◆ **Gegenüber: Konkurrenz** [Bild Nr. 75]
Geht es in einer Besprechung um eine von Konkurrenz geprägte Situation wie Preis-, Übernahme- oder Produktverhandlungen, dann setzen Sie sich Ihrem Gesprächspartner direkt gegenüber. In dieser Position fallen Gespräche automatisch »härter« aus, denn der Tisch zwischen den Verhandlungspartnern stellt so etwas wie eine imaginäre Schutzzone dar. Jede Partei wagt es, aggressiver an die Sache ranzugehen. Wollen Sie zusätzlich Ihren Status optisch erhöhen, wählen Sie einen höheren Stuhl und platzieren schon vorab einige Unterlagen auf Ihrem Platz.

◆ **Über Eck: überzeugen, kommunizieren, verführen** [Bild Nr. 76]
Die Sitzverteilung über Eck ist differenzierter und lässt viel Spielraum. Man ist dem Gesprächspartner relativ nahe, dringt aber

75

In Konkurrenzsituationen setzen Sie sich gegenüber.

76

Eine Sitzordnung über Eck öffnet das Gespräch.

77

Nebeneinander sitzend läuft die Arbeit wie von alleine.

nicht in sein Territorium ein. Ein Blickkontakt kann leicht aufgenommen und auch wieder beendet werden. Diese Position ist ideal für wichtige Gespräche oder Bewerbungen, wenn es darauf ankommt, eine gute Atmosphäre zu schaffen.

◆ **Seite an Seite: Teamwork** [Bild Nr. 77]
Müssen Sie gemeinsam eine Aufgabe beenden oder einen Strategieplan erstellen und ein hohes Engagement ist gefragt, dann setzen Sie sich nebeneinander. Studien haben ergeben, dass Personen in dieser Position härter arbeiten und schneller zu einer Lösung kommen.

◆ **Am Kopf des Tisches: den Hut aufhaben**
Wollen Sie bei einem großen Meeting die Kontrolle übernehmen, den Tagesablauf fest in der Hand behalten, etwas Essenzielles sagen oder wünschen Sie sich geringen Widerstand, dann setzen Sie sich an den Kopf des Tisches. Studien zeigen, dass Personen auf diesem Platz am meisten reden und die anderen Teilnehmer häufig ihren Blick auf sie richten. Vergessen Sie aber nicht, dass Sie sich

dadurch vom Team auch abgrenzen, was eine intensive Zusammenarbeit stören könnte. Der Grund: In dieser Position werden Ideen, Vorschläge oder Statusberichte nur an Sie gerichtet. Die anderen Teilnehmer werden kaum bis gar nicht beachtet. Zudem verlieren die nicht aktiven Teilnehmer an Engagement.

◆ **Mittendrin: gute Beziehung**
Wollen Sie in einer großen Runde eine gute Beziehung zu den Teammitgliedern herstellen und damit eine intensive Zusammenarbeit fördern, dann setzen Sie sich an einer Tischseite in die Mitte. Damit Sie trotzdem die Kontrolle behalten, sollten Sie in Blickrichtung zur Tür sitzen. Bei dieser Sitzordnung sind alle Mitglieder aktiver am Meeting beteiligt. Wollen Sie einen Teilnehmer besonders hervorheben, platzieren Sie ihn neben sich.

Kommen wir nun noch einmal auf die Anfangsgeschichte zurück: Wie könnte der Start des Projekts mit den neuen Teammitgliedern besser aussehen? Beherzigen Sie einfach folgende Tipps: Sie entspannen Ihr Gesicht, bevor Sie mit Elan den Besprechungsraum betreten. Sie schenken Ihren neuen Mitarbeitern ein Lächeln und einen Blickkontakt. Bei der Vorstellungsrunde hören Sie jedem Einzelnen aufmerksam zu und bedanken sich jeweils mit einem leichten Nicken. Ihren Laptop starten Sie, bevor Sie sich vorstellen, den Kaffee holen Sie sich nach der Vorstellungsrunde oder in der Pause, und Handys sind in Meetings normalerweise sowieso tabu. Sie werden sehen: Die Atmosphäre wird eine völlig andere sein!

Zauberwort Empathie

Gute Politiker, Vorstandsvorsitzende und Führungskräfte haben ein gemeinsames Talent: Sie sind in der Lage, bestimmte Stimmungen zu erzeugen, und können auf diese Weise Mitarbeiter, Kunden, Zuhörer oder Wähler für eine Partei, ein Unternehmen, bestimmte Ziele, Produkte oder Dienstleistungen gewinnen. Ein Großteil dieser unbewussten »Manipulation« findet über die Körpersprache statt.

Gedankenlesen leicht gemacht

Empathie heißt, sich in einen Mitmenschen hineinfühlen zu können, nachzuempfinden, was in ihm vorgeht und was ihn bewegt. Man könnte fast von einer Art Gedankenlesen sprechen. Diese Fähigkeit verdanken wir den sogenannten Spiegelneuronen, Nervenzellen im Gehirn, die einige Besonderheiten aufweisen: Sie senden sogar dann Signale aus, wenn wir ein Geschehen nur beobachten. Sie reagieren genau so, als würden wir das, was wir beobachten, selbst erleben.

Vielleicht haben Sie das auch schon erlebt: In einem Film rührt uns das Schicksal der grausam behandelten Hauptdarstellerin zu Tränen. Oder: Wir fühlen förmlich selbst den Schmerz, den jemand erleidet, der sich gerade die Hand eingeklemmt hat. Oder: Wir erwidern unbewusst das Lächeln eines Menschen, obwohl wir ihn gar nicht kennen. Doch wie funktioniert das? Vereinfacht gesagt, genügt schon die kleinste Erinnerung an eine ähnliche selbst erlebte Situation oder Empfindung – positiv oder negativ –, um die zuständigen Neuronen zu reaktivieren.

Stellen Sie sich vor, Sie wollen sich mit einer neuen Mitarbeiterin bekannt machen. Nach etwas Small Talk stellen Sie die Frage: »Wie war es in Ihrem letzten Job?« Sie zuckt mit den Schultern, setzt kurz ein breites Lächeln auf und antwortet mit einer verneinenden Kopfbewegung: »Ich liebte den Job, aber es war Zeit für einen Wechsel.« Sie spüren sofort, was Sache ist. Ihre Spiegelneuronen sind hoch aktiv und rufen etwas in Ihnen in Erinnerung. Sie haben die ängstlichen Augen, das falsche Lächeln, den »Nein«-sagenden Kopf und die angespannte Haltung intuitiv bemerkt. Für Sie ein eindeutiges Signal, dass die neue Kollegin nicht über dieses Thema sprechen möchte und dankbar für ein anderes ist.

Die meisten Menschen verfügen über diese empathischen Fähigkeiten, über die Gabe, bewusst Signale unserer Gesprächspartner wahrzunehmen und zu deuten. Empathie ermöglicht es aber auch, Menschen zu führen, weil sie unübersehbar auf bestimmte Verhaltensweisen reagieren – und Sie wiederum darauf reagieren können.

Mit Gefühl agieren und reagieren

Sie kennen vermutlich die Volksweisheit »Wie der Herr, so's Gescherr« oder auch »Der Apfel fällt nicht weit vom Stamm«. Diese Redewendungen lassen sich sehr gut auf unternehmerische Organisationen übertragen. Mitarbeiter suchen bei Führungskräften nach Signalen und imitieren deren Verhalten – meist unbewusst, manchmal jedoch auch bewusst. Überlegen Sie sich also gut, wie Sie wirken möchten und welches Verhalten Sie sich auch von Ihren Mitarbeitern wünschen.

Laufen Sie permanent gehetzt durchs Unternehmen, reagieren Ihre Mitarbeiter gestresst. Ist es Ihnen wichtig, mit Freude und Spaß zu arbeiten, sollten Sie häufiger lächeln. Wollen Sie, dass Mitarbeiter intensiv miteinander arbeiten, dann gehen Sie als gutes Beispiel für Zusammenarbeit voran. Zumindest jene Mitarbeiter, die sich mit Ihnen und dem Unternehmen identifizieren, werden dank ihrer Spiegelneuronen unbewusst Ihr Verhalten kopieren.

Die Spiegelneuronen imitieren nicht nur, sondern reflektieren auch Absichten und Emotionen. Angenommen, Sie müssen einen Mitarbeiter, Mitte 50, Vater von zwei Kindern, Ehemann einer kranken Frau, aus betrieblichen Gründen entlassen. An seinem Gesicht und seiner gesamten Haltung können Sie die enorme Erschütterung und Entmutigung ablesen. Wie fühlen Sie sich da? Ihre Spiegelneuronen übernehmen die Emotionen des Mitarbeiters, und es geht Ihnen schlecht. Oder fühlen Sie etwa nichts? Dann gehören Sie zu dem minimalen Prozentsatz an Menschen, die über wenig bis gar keine Empathie verfügen.

So schärfen Sie Ihre Wahrnehmung

Um Gesprächspartner genau und vor allem treffsicher beobachten zu können, müssen Sie die Wahrnehmung nonverbaler Signale trainieren. Geeignete »Trainingsobjekte« sind alle Personen, mit denen Sie kommunizieren. Bei Ihren Studien sollten Sie vor allem auf diese Faktoren achten:

- Pauken Sie »Vokabeln« und prägen Sie sich positive und negative Signale nach und nach ein.
- Beobachten Sie bei jeder Gelegenheit. Besonders leicht lässt sich ein Gespräch beobachten, an dem Sie nicht beteiligt sind.
- Behalten Sie immer den Kontext eines Gesprächs im Auge. Beurteilen Sie Worte und körpersprachliche Signale im Zusammenhang.
- Achten Sie zunächst auf einzelne Bewegungen. Mit der Zeit können Sie dann dazu übergehen, mehrere Signale gleichzeitig wahrzunehmen.
- Wenn Sie allgemeingültige Bewegungen bereits gut erkennen, konzentrieren Sie sich auf individuelle Gesten und Gesichts-

ausdrücke. Jeder Mensch hat seine speziellen Ausdrucksformen, um zu zeigen, was in ihm vorgeht.

◆ Vertrauen Sie Ihrem Bauchgefühl – so, wie Sie es als Kind getan haben.

»Good vibrations« – auf gleicher Welle

Reden zwei gut befreundete Kollegen miteinander, dann nehmen sie ähnliche Körperhaltungen ein. Generell kann man sagen, je intensiver und besser die Beziehung, desto »kopierfreudiger« das Verhalten auf beiden Seiten. Eine tiefere Beziehung ist generell nur bei gleichem Status möglich.

Als statushöhere Person hat man die Aufgabe, einen größtmöglichen Gleichklang mit den Mitarbeitern herzustellen. Wollen Sie beispielsweise mit einem Mitarbeiter in Ihrem Büro ein Gespräch auf Augenhöhe führen, dann setzen Sie sich mit ihm an einen separaten Tisch mit zwei gleichen Stühlen. So entsteht schneller ein neutraler Kontakt, als wenn Sie dominant hinter Ihrem Schreibtisch thronen.

Schwingen zwei Menschen mental auf einer Ebene, zeigt sich das schon in der Körpersprache. Dann reagiert ein Zuhörer im passenden Rhythmus zu den Worten seines Gegenübers – zum Beispiel mit leichten Kopf- oder Fingerbewegungen. Das heißt, der Bewegungsrhythmus passt sich bei »good vibrations« den Worten an.

Natürlich funktioniert das Ganze auch umgekehrt. Wollen Sie gut mit jemandem auskommen – unabhängig davon, ob beruflich oder privat –, sind diese »good vibrations« eine wichtige Voraussetzung. Stellen Sie sich also auf Ihr Gegenüber ein und Sie werden auf einer Wellenlänge landen. Aber Vorsicht! Versuchen Sie nicht, Ihr Gegenüber permanent zu spiegeln. Der Versuch, um jeden Preis Gleichklang herzustellen, kann schnell als Affront oder Kränkung empfunden werden.

Identische Gesten

Um eine Verbindung herzustellen, sollten Sie sich möglichst einfühlsam und mit Respekt an die Körpersprache einer anderen Person anpassen. Das gilt vor allem in Bezug auf Tempo und Intensität der nonverbalen Signale. Versuchen Sie, einen synchronen Bewegungsrhythmus zu erreichen. Passen Sie sich dem Rhythmus Ihres Gesprächspartners an. Neigt er zu größeren Schritten, dann machen auch Sie größere Schritte. Verwendet er expressive Gesten, dann betonen auch Sie das, was Sie sagen oder zeigen, stärker mit den Armen.

Üben Sie, sich vor allem positiven Gesten anzupassen, ohne jedoch exakt die gleichen Gesten zu übernehmen. Schauen Sie auf die Arm- und Handhaltung. Hat Ihr Gesprächspartner die linke Hand oder den Unterarm locker auf den Tisch gelegt? Nähern Sie sich lediglich an. So nimmt Ihr Gegenüber unbewusst wahr, dass Sie ihm gleichgesinnt oder gleichgestellt sind. Oder versuchen Sie das sogenannte verschobene Spiegeln: Führen Sie die gespiegelte Geste einen Takt später aus.

Die Macht des Nickens

Jeder Mensch hat das Bedürfnis nach Anerkennung und Aufmerksamkeit. Wird es gestillt, kann ein solches Signal Balsam für die Seele sein und schweißt Menschen oder Teams enger zusammen. Die einfachste Form der Anerkennung ist das Nicken. Ein Nicken sagt dem Gegenüber »Ich höre dir zu« oder »Ich bin deiner Meinung« oder »Du hast völlig recht« oder »Sprich weiter«. Doch auch für den Nickenden selbst lohnt sich diese demonstrative Zustimmung, denn unsere Spiegelneuronen haben gelernt, dass Nicken in unserer Kultur Zustimmung bedeutet. Das erzeugt automatisch positive Gefühle.

Und auch die Spiegelneuronen des Gesprächspartners werden aktiviert. Er wird auskunftsfreudiger, weil das Nicken suggeriert, dass er auf dem richtigen Weg ist. Aber Vorsicht: Nicken Sie während des Zuhörens nicht wie ein Wackeldackel – zwei bis drei Mal pro Minute sind völlig ausreichend.

Ein Nicken können Sie auch dann gezielt einsetzen, wenn Sie die Zustimmung von anderen zu einer wichtigen Entscheidung, zu Ihrer Meinung oder zu einem Verbesserungsvorschlag bekommen möchten. Nicken Sie dann selbst ganz leicht, während Sie sprechen. Ob Sie Erfolg haben, merken Sie umgehend an den Kopfbewegungen der Zuhörer. Nicken auch diese leicht, haben Sie gewonnen.

Gleicher Dresscode verbindet

Doch nicht nur Mimik, Gestik und Haltung können auf nonverbaler Ebene für eine gemeinsame Wellenlänge sorgen. Auch die gleiche Kleidung sagt ohne Worte: »Schau mich an, ich bin der/die Gleiche wie du.«

Wählen Sie deshalb Ihre Outfits passend zu Ihrer Branche, Ihrem Status und Ihren Verhandlungspartnern aus. Außerdem versteht es sich von selbst, dass Sie in Ihrem Unternehmen auch in dieser Hinsicht eine Vorbildfunktion haben.

Erzielen Sie Übereinstimmung!

Eine gemeinsame Wellenlänge kann auch über das Kommunikationsmedium Stimme erreicht werden. Wie funktioniert das? Verwenden Sie ähnliche Worte und Redewendungen, versuchen Sie, sich in der Sprechgeschwindigkeit, Tonlage, Lautstärke und Sprachrhythmik anzugleichen. Denn die Stimme erzeugt Stimmung, eine gleiche Stimmlage erzeugt eine gemeinsame Gefühlslage. Auch hierfür gilt jedoch: Kein Gleichklang um jeden Preis. Bemerken Sie, dass ein Kollege, Kunde oder Mitarbeiter mit aufgebrachter oder gehetzter Stimme spricht, wählen Sie stattdessen bewusst eine ruhige, tiefe Stimmlage und einen langsamen Rhythmus. Sie werden sehen, dass Ihr Gegenüber sich beruhigen und Ihrem Takt anpassen wird.

Nähe verbindet

Deutliches Signal für eine Verbindung zwischen zwei Menschen sind kleine Berührungen – auch bei Businesskontakten. Das beginnt schon beim Händeschütteln. Meist sagt die Art der Begrüßung sehr viel über eine Verbindung aus: Ein Klaps auf den Oberarm ist ein Hinweis auf eine lockere Freundschaft, die zusätzlich zur Geschäftsbeziehung existiert. Eine Berührung auf der Schulter ist ein Zeichen von Überlegenheit. Wird bei der Begrüßung der Ellbogen berührt [Bild Nr. 78], ist das ein Zeichen von bereitwilliger Unterstützung. Wer bei der Begrüßung zusätzlich seine freie Hand auf die Oberseite der Hand seines Gegenübers legt [Bild Nr. 79], drückt seine Wertschätzung aus.

Abgesehen von der Begrüßung, bei der Körperkontakt sozusagen selbstverständlich ist, sollte man im Berufsleben damit eher zurückhaltend sein. Generell sollten Berührungssignale nur bei gleichem Status und bei Führungskräften sparsam eingesetzt werden. Am Handrücken oder Unterarm können sich sowohl Männer als auch Frauen leicht berühren. Weicht Ihr Gegenüber jedoch zurück, versuchen Sie, die Verbindung auf andere Art zu untermauern.

78

Damit zeigen Sie Unterstützung.

79

Mit dieser Handbewegung drücken Sie zusätzliche Wertschätzung aus.

Werden Sie Kapitän einer guten Crew

Viele Führungskräfte sind der Überzeugung, dass für bessere Leistungen unter Mitarbeitern eine Wettbewerbssituation vorteilhaft ist. Um ein geniales Design zu entwerfen, gute Ideen zu kreieren oder kurzfristig den Verkauf anzukurbeln, kann das vorübergehend durchaus zutreffen. Doch langfristig gesehen ist eine Zusammenarbeit auf loyaler und solidarischer Basis die beste und erfolgreichste Variante für eine fruchtbare Zusammenarbeit.

Folgende körpersprachliche Signale können Ihnen helfen, Ihr Team zu einer einheitlichen, motivierten, kooperativen und selbstverantwortlichen Mannschaft zusammenzuschweißen:

◆ Sitzen Sie mit Ihrem Team am runden Tisch, das fördert das Gefühl der Gleichheit aller Mitarbeiter.
◆ Behandeln Sie jedes Teammitglied mit Respekt – durch Blickkontakt, durch Freundlichkeit und durch aufmerksames Zuhören.

- Trainieren Sie eine motivierende und energetische Stimme.
- Wenden Sie in Gesprächen, Meetings und Workshops immer der Person den Oberkörper zu, die gerade aktiv ist.
- Setzen Sie bei Ihren Beiträgen auf kraftvolle Armbewegungen.
- Führen Sie das Team auch mit Ihrer Körperhaltung.
- Achten Sie immer auf einen entspannten und freundlichen Gesichtsausdruck.
- Überlegen Sie sich für Meetings einen aktiven Start, bringen Sie Ihr Team sofort zum Denken, Lachen, Hinterfragen. Damit erzeugen Sie von vornherein eine fruchtbare Gruppendynamik.

Special: Charisma – gewinnende Ausstrahlung als Erfolgs-Booster

Mutter Teresa, Nonne, Wohltäterin und Nobelpreisträgerin, hatte es, ebenso wie Altbundeskanzler Helmut Schmidt: eine besondere Ausstrahlung, auch Charisma genannt. Eine Gabe, die bei den unterschiedlichsten Persönlichkeitstypen zu finden ist – jeweils auf ganz individuelle Art und Weise. Und doch verbinden alle charismatischen Menschen einige übereinstimmende Eigenschaften: Sie handeln außergewöhnlich, sind unabhängig von den Meinungen anderer, verkünden neue Appelle, ja sogar Gebote, und lassen sich nicht von Konventionen beherrschen. Charismatiker zeigen Emotionen, lassen sich auf andere ein und schaffen es dadurch, Menschen anzuziehen und für sich zu gewinnen. Mutter Teresa verdankte ihre Ausstrahlung ihrer Barmherzigkeit, Helmut Schmidt verdankte sie seiner Gradlinigkeit.

Angeboren oder angelernt?

Das Wort »Charisma« kommt aus dem Griechischen und bedeutet »Gnadengabe«. Früher verstand man darunter von Gott gegebene Güter. Heute verbinden wir den Begriff mit einer ganz besonderen Persönlichkeit. Charismatische Menschen sind sich ihrer bewusst und haben eine gute Portion an Selbsterfahrung. Sie lieben den Umgang mit anderen Menschen, können führen, sich inszenieren, sind offen, motiviert und leidenschaftlich und verfügen über ein gutes Einfühlungsvermögen. Aber: Lässt sich diese Ausstrahlung erlernen?

Dafür sollten Sie sich zunächst ein paar Fragen stellen: Wer bin ich und wer will ich sein? Wie finde ich meine Besonderheit? Was macht mich zufrieden? Um all das zu erkennen, muss man gründlich über sich selbst nachdenken und sich über die eigene Persönlichkeit klar werden. Eine große Herausforderung, denn es zählt zu den schwierigsten Aufgaben, ein objektives Bild von sich selbst zu zeichnen. Lassen Sie sich also nicht entmutigen, denn eine richtige Selbsteinschätzung fällt niemandem leicht. Wenn Sie aus eigener Kraft diese Hürde bewältigen, sind Sie schon auf dem besten Weg zu einer guten, intensiveren Ausstrahlung bis hin zum Charisma.

Stehen Sie voll dahinter

Wichtigster Punkt: Egal, was Sie präsentieren, worüber Sie reden oder wofür Sie eintreten – Sie sollten möglichst zu hundert Prozent dahinterstehen können. Sind Sie von einem Thema, einer Meinung oder einem Konzept selbst nicht überzeugt, wird auch Ihre Ausstrahlung bei der Präsentation oder dem Meeting mit Ihren Mitarbeitern wirkungslos sein. Hier gilt es, sich voll und ganz auf dieses Schauspiel einzulassen, um die überzeugende Rolle authentisch zu verkörpern.

Sprechen Sie dagegen aus voller Überzeugung, dann haben Sie schon etwas Wesentliches, das charismatische Menschen auszeichnet: Sie erzeugen Präsenz durch Begeisterung, Begeisterung erzeugt Leidenschaft und diese wiederum erzeugt Wirkung. Manche Menschen versuchen dieses Ziel zu erreichen, indem sie Prominenten nacheifern und deren Verhaltensweisen, einen bestimmten Stil oder sogar deren Meinungen übernehmen. Doch diese Rechnung geht nicht auf, weil ein fremdes »Kleid« eben nicht die Wirkung hat wie eines, das uns auf den Leib geschneidert ist.

Ausstrahlung kann man nicht kaufen – sie muss von innen heraus kommen und einen individuellen Stempel tragen, der durch persönliche Erfahrungen geprägt ist. Nur so entsteht eine authentische und überzeugende Wirkung. Dennoch können Vorbilder auch positiv wirken; sie befeuern bis zu einem gewissen Grad die Motivation und können ein guter Ansporn sein, solange die Identifikation nicht zur Nachahmung animiert. Nachahmung führt auf lange Sicht zum Stillstand der eigenen Persönlichkeitsentwicklung und – was noch schlimmer ist – weg von einem kongruenten Verhalten. Obendrein führt der Vergleich mit dem Vorbild immer zur Unzufriedenheit, denn eine Kopie ist niemals so gut wie das Original. Also: sparsam damit umgehen.

Ihr eigenes Kostüm steht Ihnen am besten

Verabschieden Sie sich von dem Gedanken, dass Sie immer und jedem gefallen können. Selbst Charisma ist bis zu einem bestimmten Punkt ein subjektives Phänomen und liegt immer im Auge des Betrachters. Davon ausgenommen sind nur wirklich herausragende Persönlichkeiten. Die goldene Charisma-Formel lautet: Zwängen Sie sich auf keinen Fall in ein Kostüm, das nicht passt, sondern finden Sie Ihren eigenen Stil und damit auch Ihre optimale Ausstrahlung. Und tun Sie es für sich, nicht für andere!

Charisma-Tools – kleine Tipps für große Wirkung

Wenn wir einen Menschen als charismatisch empfinden, steckt hinter dieser Aura ein Zusammenspiel mehrerer Begriffe: Präsenz, Empathie, Kongruenz, Wortgewandtheit, Inszenierung und Wirkung. Der größte Faktor ist die persönliche Wirkungskraft, also das Auftreten. Dieses wiederum ist weitgehend durch die individuelle Körpersprache geprägt. Schließlich sind es die nonverbalen Signale, die wir als Erstes bei anderen Menschen wahrnehmen.

Worte spielen dagegen am Anfang einer Begegnung eine weit geringere Rolle. Umfragen haben ergeben, dass unser Urteil – ob jemand Ausstrahlung hat oder nicht – zu rund 46 Prozent in dessen Körpersprache begründet ist. Stellt sich also die entscheidende Frage, wie wir es schaffen, optimal zu wirken. Welche entscheidenden Faktoren für eine optimale Wirkung stehen uns zur Verfügung?

Das äußere Kapital

Charismatische Menschen pflegen ihre individuelle Note und achten auf ihr Äußeres – natürlich immer passend zur Branche und zum Anlass. Die meisten Menschen, deren Ausstrahlung uns anzieht, haben in ihr Aussehen investiert, ihren Stil, ihre Eleganz, ihre guten Manieren. Sie können sich deshalb auf jedem Parkett angemessen bewegen und ihren Charme selbstbewusst und souverän einsetzen und spielen lassen.

Zusätzlich strahlen sie Kraft, Vitalität und Gesundheit aus. All diese Faktoren lassen sich unter dem Begriff »soziale Attraktivität« zusammenfassen, die jeder von uns sich aneignen kann.

Früher zählte in Kreisen hoher Politiker oder wichtiger Wirtschaftsgrößen vor allem der Name. Heute zählt auch, wie man auftritt und wie man wirkt. Das bestätigt die weitverbreitete These, dass »schöne« Menschen erfolgreicher sind. Ein möglicher Grund: Diesen Menschen wird von klein auf mehr Aufmerksamkeit und Anerkennung geschenkt. Sie erlernen daher schneller wichtige soziale Kompetenzen und ernten verstärkt positive Reaktionen, was wiederum ihr Selbstbewusstsein stärkt. Eine positive Spirale, die attraktive Menschen automatisch auf Erfolgskurs bringt und es ihnen leichter macht, diesem Pfad zu folgen.

Attraktivität hat im beruflichen Bereich eine nicht zu unterschätzende Bedeutung und kann mit dem klassischen Faktor Intelligenz gleichgesetzt werden. Investieren Sie also nicht nur in Ihr Wissen und Ihre beruflichen Fähigkeiten, sondern auch in Ihr Äußeres. Halten Sie sich fit, machen Sie sich schlau, was Etikette betrifft, kleiden Sie sich vorteilhaft und immer der Situation angemessen. Und interessieren Sie sich dafür, was in der Welt passiert, welche besonderen Ereignisse anstehen. Mitreden können gehört ebenfalls zum äußeren Kapital.

Die Haltung

Ein sicherer Stand wird immer mit einer selbstsicheren, souveränen und kompetenten Persönlichkeit assoziiert. Eine aufrechte Körperhaltung – mit angehobenem Brustbein und gesenkten Schultern – erweckt den Anschein von Stärke und Aktionsbereitschaft. Und so ist es auch. Achten Sie auf eine gerade Kopfhaltung. Stellen Sie sich vor, Sie balancieren ein Buch oder eine Krone auf dem Kopf oder werden an einem unsichtbaren Faden am Hinterkopf Richtung Himmel gezogen. So wirken Sie weder unsicher noch arrogant. Wenn Sie in dieser Position zwischendurch etwas »weicher« wirken oder Mitgefühl ausdrücken wollen, dann neigen Sie den Kopf leicht zur Seite.

Arm- und Handbewegungen

Leider werden vor dem Oberkörper verschränkte Arme noch immer gern als klares Zeichen von Passivität, Ablehnung und Desinteresse interpretiert, obwohl das nicht in allen Fällen zutrifft. Dennoch ist es besser, sich zu öffnen und das, was man verbal zum Ausdruck bringt, mit Armbewegungen auch zu betonen. Damit entsteht eine größere Präsenz. Gestikulieren wir, dann wirken wir eloquenter, erzeugen mehr Aufmerksamkeit und modulieren automatisch stärker mit der Stimme. Aber Vorsicht: nicht mit Händen und Armen hektisch herumfuchteln, um ausdrucksstärker wahrgenommen zu werden. Armbewegungen wirken nur dann vorteilhaft, wenn wir Gesten bewusst einsetzen und wirken lassen – und das am besten vor der verbalen Aussage.

Das Lachen

Lachen steckt an und erzeugt in Ihnen und bei Ihren Mitmenschen eine positive Wirkung. Zahlreiche Studien der Gelotologie – der Wissenschaft, die sich mit den Auswirkungen des Lachens beschäftigt – belegen diesen simplen, jedoch wirkungsvollen Effekt. Allerdings nur, wenn Ihr Lachen auch echt ist. Vorgetäuschtes Lächeln ist wirkungslos und unsympathisch. Ein authentisches Lächeln ist begleitet von gesenkten Augenbrauen und kleinen Fältchen um die Augen [Bild Nr. 80]. Fakt ist: Menschen mit einer griesgrämigen Miene haben weniger Kontakt mit anderen und weniger Erfolg im Berufsleben. Lachende Menschen treten dagegen schneller in Kontakt, sind optimistischer und haben mehr Erfolg im Berufsleben. Es kostet Sie also nur ein Lächeln …

Der Blickkontakt

Wenn der Gesprächspartner permanent den Blick abwendet, erzeugt das in der Regel ein gewisses Unwohlsein. Sowohl bei der ersten Kontaktaufnahme als auch generell beim nonverbalen Austausch spielen die Augen eine große Rolle. Scheuen Sie sich also nicht, aktiven Blickkontakt mit Ihrem Gesprächspartner zu halten – allerdings pro Blick nicht länger als einen Gedanken lang, damit er sich nicht angestarrt fühlt.

Die Präsenz

Präsenz zeigen bedeutet nichts anderes, als bewusst anwesend zu sein – körperlich und vor allem geistig. Es geht darum, um sich herum eine Aura zu schaffen, einen Raum auszufüllen. Präsente Menschen werden nicht nur schneller wahrgenommen, sie erreichen häufig auch ihre Ziele leichter.

Diese Art von Präsenz verlangt eine gelassene Konzentration auf den Augenblick, auf das momentane Ereignis, die Situation, das Gegenüber. Auch bei einer Präsentation oder einem Meeting sollten wir voll und

80

Dieses Lächeln ist echt.

ganz bei uns sein. Seien Sie gelassen, ruhig, beobachtend. Argumentieren Sie souverän und überzeugend, wenn Ihre (Rede-)Zeit gekommen ist. Damit punkten Sie gekonnt. Nutzen Sie eine Sprache, die einfach und verständlich, aber pointiert ist. Um Präsenz zu erreichen, üben Sie in den verschiedensten Situationen, sich bewusst im Hier und Jetzt zu fühlen und nicht in Gedanken bereits beim nächsten Termin zu sein.

Doch nicht nur Stress und Termindruck können uns in Sachen Präsenz einen Strich durch die Rechnung machen – auch Unsicherheit und mangelndes Selbstbewusstsein zählen zu den natürlichen Feinden eines souveränen Auftretens. Leider wirken wir oft gerade in den Momenten, in denen wir gern eine starke Ausstrahlung hätten, häufig unsicher und haben Angst vor dem Scheitern.

Auch wenn diese Angst nur das eigene surreale Gedankengespinst ist: Anstatt sich kontraproduktiven Überlegungen und Hypothesen hinzugeben, sollten Sie sich lieber voll und ganz auf die gegenwärtige Situation konzentrieren, auf Ihr Gegenüber oder Ihr Publikum. Interessieren Sie sich bewusst ausschließlich für die Menschen, die Ihnen in diesem Moment zuhören. Öffnen Sie Ihre Ohren, Ihre Augen und vor allem Ihr Herz und Sie werden staunen, wie viel Sie plötzlich wahrnehmen, erkennen und begreifen.

Emotionen und Empathie

Das Talent zum Pokerface wird gerade im Geschäftsleben oft als Vorteil gesehen. Ein Trugschluss, denn Gefühle zu zeigen lohnt sich, vor allem langfristig gesehen. Der Grund: Wer mit seinen Stimmungen immer hinter dem Berg hält, wirkt auf Dauer unglaubwürdig und vor allem unpersönlich und langweilig. Zweifelsohne gehört es zum guten Ton, in manchen Situationen Contenance zu bewahren. Meistens ist es jedoch sehr viel passender, Gefühle zu zeigen und mitzufühlen, denn nur auf diese Weise gewinnen wir andere Menschen für uns und unsere Ideen.

Auch das Wahrnehmen von Emotionen kann man üben. Zunächst hilft auch hier wieder das aufmerksame Beobachten. Fragen Sie sich, wie es dem anderen gerade gehen mag oder wie Sie sich in derselben Situation fühlen würden. Dann wird es Ihnen auch leichtfallen, Empathie zu zeigen – es wird Ihnen gelingen, sich in andere Menschen einzufühlen und angemessen auf deren Gefühle zu reagieren.

Wortgewandtheit

Charismatiker müssen nicht nur nonverbal, sondern auch mit ihren Worten überzeugen können. Sie sollten ein großes rhetorisches Repertoire besitzen und vor allem zu nutzen wissen. Das heißt zum Beispiel, dass sie sich sprachlich optimal auf die jeweilige Zielgruppe einstellen können. Bei einer Rede vor Mitarbeitern wird ein anderes Vokabular verwendet als vor Freunden oder Fachexperten. Paradebeispiele für eine solche rhetorische Wandlungsfähigkeit gibt es vor allem in der freien Wirtschaft. Negativbeispiele finden sich dagegen in den Reihen der Politiker. Hier wird gern mit Worten jongliert, die keiner versteht. Dabei müssen gerade komplexe Sachverhalte möglichst einfach erklärt werden. Kaum jemand wird zum Beispiel wissen, was genau unter einem »installierten Gesundheitsfond« zu verstehen ist.

Kongruenz

Kongruenz bedeutet, dass der Gesamteindruck, den Sie bei anderen hinterlassen, stimmig ist. Was Sie denken, sagen und tun, muss eine Einheit ergeben und dieselbe Botschaft vermitteln. Wie bei einem Puzzle müssen alle Teile zusammenpassen, damit ein klares und deutliches Bild entsteht. Würde ein Teil fehlen oder nicht dazugehören, würde das Gesamtbild seine Wirkung verlieren. Ein stimmiges Ergebnis lässt Sie hingegen ehrlich und glaubwürdig wirken. Kongruentes Verhalten erfordert auch ein entschiedenes und verantwortungsvolles Handeln.

Inszenierung

Sich inszenieren und bestmöglich verkaufen, das muss heute eigentlich jeder. Politiker, die Wählerstimmen sammeln, Entscheidungsträger in der Wirtschaft, die Rückhalt aus dem Unternehmen brauchen, eine Führungskraft, die ihre Mitarbeiter motivieren möchte, ein Verhandlungspartner oder Verkäufer, der ein Produkt an die Frau oder den Mann bringen will, ein Selbstständiger, der einen Auftraggeber überzeugen möchte, eine Person, die sich um eine Stelle bewirbt – und so weiter.

Das bedeutet nicht, dass wir uns verstellen, eine Rolle spielen oder etwas vortäuschen sollen. Hier geht es darum, die passenden Rollen zu verkörpern, damit ich mein Gegenüber überzeugen kann. Aber was tun in Situationen, in denen wir uns unsicher fühlen? Authentisch bleiben hieße dann, diese Unsicherheit auch zu zeigen. Aber würde Sie eine Idee oder ein Produkt überzeugen, das von jemandem präsentiert wird, der nicht gerade souverän wirkt? Wohl eher nicht. In solchen Situationen ist es daher ratsam, die eigene Unsicherheit im wahrsten Sinn des Wortes zu überspielen. Wie das geht? Indem Sie sich selbst darstellen, allerdings in einer selbstsicheren Variante. Inszenieren Sie eine andere »Ausgabe« Ihrer selbst und präsentieren Sie auf diese Weise die Person, die Sie in diesem Moment gern wären.

Das Entscheidende: Sie steuern dadurch den Eindruck, den Sie bei den anderen Teilnehmern erzeugen, in die gewünschte Richtung. Dieses sogenannte Impression Management (Eindruckssteuerung) ist mittlerweile fester Bestandteil der Selbstdarstellung von Unternehmen, Organisationen und Einzelpersonen. Es wird eingesetzt, um ein bestimmtes Image aufzubauen.

Egal, welcher Aufwand für eine perfekte Inszenierung betrieben wird: Sie sollten erst überlegen, wie Sie wirken möchten, und sich erst danach inszenieren. Hauptsache, es passt zu Ihrem Typ. Natürlich: Je weniger Sie sich inszenieren müssen, desto glaubwürdiger wirken Sie. Besitzen Sie ein gutes Körpergefühl, genügend Selbstbewusstsein, eine gesunde Portion Selbstliebe, Lebensfreude, Mut sowie ernsthaftes Interesse an Menschen, dann haben Sie bereits die besten Voraussetzungen für eine positive Ausstrahlung und eine charismatische Wirkung.

Die Einzigartigkeit

Der Philosoph Friedrich Nietzsche schrieb in »Unzeitgemäße Betrachtungen«: »Ein jeder trägt eine produktive Einzigkeit in sich als den Kern seines Wesens; und wenn er sich dieser Einzigkeit bewusst wird, erscheint um ihn ein fremdartiger Glanz, der des Ungewöhnlichen ... Dies ist den meisten etwas Unerträgliches, weil an jeder Einzigkeit eine Kette von Mühen und Lasten hängt.«

Auf den Punkt: Die 10 wichtigsten Tipps für echte Führungskompetenz

1. Weder Despot noch Kumpel! Führen ist nicht einfach und führen kann nicht jeder. Vor allem der Spagat zwischen abgehobener Boss-Attitüde und Anbiederei ist oft schwer – auch in puncto Körpersprache. Finden Sie den richtigen Mittelweg zwischen steif und locker.

2. Wer bin ich und wie wirke ich? Wer andere führen will, muss sich erst einmal selber kennen und ehrlich einschätzen. Nur so kann die eigene Wirkung der Führungskompetenz dienen.

3. Offenes Ohr signalisieren! Die Offenheit von Führungskräften ist häufig nur ein Lippenbekenntnis. Zeigen Sie Ihre Offenheit durch Ihre Haltung und Gesten.

4. Führung braucht Empathie! Wer seine Mitarbeiter nicht versteht, wird auch nicht als echte Führungskraft wahrgenommen. Ehrliches Zuhören und deutlich signalisiertes Interesse reichen oft schon aus, um Stimmungen und Verhaltensweisen zu verstehen.

5. Sicherheit geben! Was viele Führungspersönlichkeiten oft vergessen: Durch eine souveräne Haltung geben sie ihren Mitarbeitern auch Sicherheit und damit die ideale Basis, erfolgreich zu sein.

6. Boss, aber nicht bossy! Wer es als Chef nötig hat, seine Überlegenheit verbal und nonverbal zu demonstrieren, hat das wahre Geheimnis von Führungskompetenz nicht verstanden. Souveränität hat nichts mit Machtsignalen zu tun, sondern vor allem mit einem selbstbewussten Auftreten.

7. Fels in der Brandung! Vor allem Ihre entspannte, selbstbewusste und freundliche Mimik sollte zum Ausdruck bringen, dass Sie die stabile Führungsinstanz sind. Zu offensichtliche Emotionen – negative wie positive – sind unangemessen.

8. Auch Chefs lachen! Führungskräfte sollten die große Wirkung eines Lächelns nicht unterschätzen.

9. Kein Respekt ohne Respekt! Sie wollen respektiert werden? Dann gehen Sie mit bestem Beispiel voran.

10. Überzeugende Performance! Sie wollen echte Führungskompetenz ausstrahlen oder sogar charismatisch wirken? Dann bieten Sie auch eine authentische Führungs-Show.

7. Internationale Körpersprache

Für Reisende ist das Land der aufgehenden Sonne im wahrsten Sinn des Wortes manchmal eine verkehrte Welt: Japaner schreiben vertikal und von rechts nach links, sie tragen zu einem Begräbnis Weiß, gestehen lachend eine Schande und belächeln den Tod eines Angehörigen. Ein harmloser Kuss in der Öffentlichkeit wird fast als Pornographie empfunden, das Zeigen der nackten Brust beim Stillen eines Säuglings ist dagegen ganz normal. Und da es sich nicht schickt, etwas zu verneinen, sagen Japaner zu vielem »Ja«, auch wenn sie eigentlich »Nein« meinen. Das ist nur ein Beispiel für nationale Eigenheiten, die für Fremde verwirrend sein können. Umso schwieriger ist es, auf nonverbaler Ebene landestypisch und richtig zu reagieren.

Natürlich kann niemand die verbalen und nonverbalen Eigenheiten und Unterschiede aller Länder und Kulturen kennen; das ist ein Ding der Unmöglichkeit und würde vermutlich ein lebenslanges Studium erfordern. Was also tun, um sich auch auf internationalem Businessparkett in Bezug auf Kommunikation und Körpersprache sicher zu bewegen? Ganz einfach: Machen Sie sich zum Experten nach Bedarf. Informieren Sie sich über die kulturellen Gepflogenheiten Ihrer jeweiligen Geschäftspartner. Im World Wide Web finden Sie ebenso seriöse und aufschlussreiche Berichte und Hinweise wie in guter Reiseliteratur. Damit zeigen Sie Respekt, sorgen für eine bessere Kommunikation und eine bessere Zusammenarbeit. Und: Sie erweitern auf diesem Weg auch Ihren eigenen Horizont.

Souveräner Auftritt rund um den Globus

»Bist du anders als ich, bist du mir nicht abträglich, sondern vielmehr eine Bereicherung.« Aus dieser Perspektive des französischen Schriftstellers Antoine de Saint-Exupéry sollten wir Menschen aus anderen Kulturen auch betrachten. Jede Kultur hat ihre Besonderheiten. Wenn wir bereit sind, uns anderen Gepflogenheiten, Wertvorstellungen, Gesellschaftsformen, ja sogar anderen Religionen und Traditionen zu öffnen, ist das in jedem Fall bereichernd.

Jeder Kultur werden bestimmte Charakterzüge zugeschrieben – natürlich auch behaftet mit Klischees: Amerika ist das Land der unbegrenzten Möglichkeiten, Thailand ist das Land des Lächelns, Russland ist trinkfest, Indien ist bunt wie in den Bollywood-Filmen und so weiter. Auch innerhalb Europas gibt es diese klischeehaften Rollenzuschreibungen: Die Deutschen stehen für Leistung, Italiener und Franzosen sind Genussmenschen, Engländer sind steif, Schweizer stehen für Präzision, Österreicher sind ein Alpenvolk und Türken Feilscher und Goldkettenträger, Holländer sind passionierte Wohnmobilisten und Spanier Temperamentsbündel.

Lernen wir Menschen aus diesen Ländern kennen, merken wir schnell, dass diese klischeehaften Vorurteile nicht der Realität entsprechen, auch wenn ein Fünkchen Wahrheit darin stecken mag. Die Zusammenarbeit mit Menschen aus verschiedenen Kulturen und Ländern ist immer eine Herausforderung. Da sie aus der heutigen Geschäftswelt nicht mehr wegzudenken ist, lohnt es sich, sich mit diesen Herausforderungen intensiver auseinanderzusetzen.

Um die Heterogenität der internationalen Zusammenarbeit nicht nur zu »überleben« und hinter sich zu bringen, sondern von ihr zu profitieren, sind sowohl das Wissen um die kulturell bedingten unterschiedlichen Verhaltensweisen als auch Kenntnisse über andere Arbeitsweisen hilfreich. Haben Sie als Unternehmer, Projektleiter oder Mitarbeiter also die Aufgabe, mit fremden Kulturen zusammenzuarbeiten, sollten Sie sich mit einigen Fragen auseinandersetzen.

Monochrone oder polychrone Kultur?

Es empfiehlt sich, Länder in monochrone oder polychrone Kulturen ein-zuordnen, um sich schon vorab auf die jeweilige Arbeitskultur einstellen zu können. Neben den beiden eindeutigen Formen gibt es in Australien, Osteuropa, manchen südeuropäischen Ländern und in China Misch-formen.

Monochrone Kulturen

Diese Kulturen bevorzugen eine Arbeitsweise, bei der eins nach dem anderen gemacht wird. Sie sind daher sehr detailliert und strukturiert in der Planung. Der Tagesablauf ist gut durchorganisiert. Zahlen, Daten und Fakten sorgen für eine hohe Glaubwürdigkeit, und in Gesprächen lässt man einander ausreden. Es wird strikt zwischen der Sache und der Beziehung unter den beteiligten Personen unterschieden. Gesetzte Fris-ten werden penibel eingehalten, und es wird streng nach festgelegten Regeln agiert. Zu den Regionen mit monochronem Planungs- und Or-ganisationsstil zählen Mittel- und Nordeuropa, angelsächsische Länder, Nordamerika und Japan.

Polychrone Kulturen

In diesen Kulturen werden viele Dinge gleichzeitig gemacht. Man fängt mit einer neuen Aufgabe an, auch wenn die alte noch nicht abgeschlos-sen ist. Anhänger dieser Arbeitsweise können gut improvisieren. Au-ßerdem stehen bei geschäftlichen Dingen die Kommunikation und die Beziehung mit den beteiligten Personen im Vordergrund. Dadurch ist anfangs der »Output« geringer, doch am Ende wird auch auf diese Weise ein Projekt effizient erledigt sein. Fristen werden flexibler gehandhabt, und man jongliert lockerer mit Zahlen und Fakten. Im Fokus steht der Bezug zum Menschen. Einen polychronen Planungs- und Organisa-tionsstil haben insbesondere romanische und hispanische sowie arabi-sche, lateinamerikanische und afrikanische Länder und Russland.

Emotionale oder rationale Kultur?

Emotionale Kulturen

In emotionalen Kulturen haben gute Beziehungen zum Vorgesetzten, zu Mitarbeitern und Kollegen oberste Priorität. Dies führt sogar so weit, dass man erst dann geschäftliche Kontakte pflegen kann, wenn man seine Geschäftspartner intensiv und vor allem persönlich kennengelernt hat. Kurz: Die Arbeitsatmosphäre muss stimmen. Bevor es zum Geschäft kommt, müssen ein enger Kontakt und eine Vertrauensbasis hergestellt werden. Ausgedehnter Small Talk, nette verbale und nonverbale Gesten und ein ehrliches Interesse am Geschäftspartner sind fester Bestandteil einer zukünftigen erfolgreichen Kooperation.

Personen aus emotional agierenden Kulturen wollen gerne genau wissen, mit wem sie es zu tun haben. Das bedeutet für Sie, dass Sie Ihre Einstellungen, Wertvorstellungen und Überzeugungen eventuell mehr als gewohnt preisgeben müssen. Denn hier gilt das Motto: »Wenn wir uns gut verstehen, dann arbeiten wir auch gut zusammen.«

Kulturen des Nahen Ostens sowie romanische und hispanische Länder haben eine eher emotional geprägte Vorgehensweise.

Rationale Kulturen

In rationalen Kulturen sind die Prioritäten anders gesetzt. Hier stehen Fachkompetenz, Zahlen, Daten und Fakten im Vordergrund. Für sachorientierte Kulturen zählen persönliche Beziehungen wesentlich weniger. Stattdessen kommt es auf die Kompetenz und Leistungsfähigkeit des Geschäftspartners an. Eine klare Aufgabenverteilung und ein strukturiertes, leistungsorientiertes Vorgehen sind der Maßstab für eine gute Zusammenarbeit. Persönliche Sympathien spielen eine untergeordnete Rolle. Man kommt ohne Umschweife zur Sache und konzentriert sich auf nüchterne, objektive Aussagen und Fakten.

In sachlichen Kulturen liegt der Fokus auf dem Erreichen der gesetzten Ziele. Das Motto lautet: »Beruf ist Beruf, und privat ist privat.« Das schließt jedoch nicht aus, dass sich im Zuge des Arbeitsprozesses eine tiefere kollegiale Beziehung entwickeln kann.

Eine rationale Arbeitsweise ist vor allem in Ländern und Kulturen der westlichen Welt anzutreffen.

Emotional vs. rational

Was bedeuten diese Unterschiede nun im Hinblick auf Ihre internationalen Geschäftskontakte? Nehmen wir an, Sie reisen zu einem Geschäftspartner nach Spanien. Auf deutscher Seite dominiert die Rationalität, auf spanischer Seite die Emotionalität. Es geht also zunächst um die Beziehungsebene, bevor man zur geschäftlichen Sache kommt. Ihr spanischer Geschäftspartner möchte erst einmal Sie als Person kennenlernen; er möchte erfahren, wie Sie denken, wie Sie leben und was Sie beruflich und privat schätzen. Geben Sie also ruhig – auch wenn es für Sie ungewohnt ist – Auskunft über Ihre Hobbys, Ihre Familie, über Landesgepflogenheiten, Sitten und Traditionen. Länderspezifische Tabuthemen des Gastgebers, hier zum Beispiel die Unabhängigkeitsbestrebungen in Katalonien, sollten allerdings vermieden werden.

Starkes oder schwaches Hierarchiedenken?

In jeder Kultur gibt es ein Hierarchiedenken und Personen, die mehr oder weniger Macht besitzen. Letztere sind in der Regel in der Überzahl. Hierarchiedenken beeinflusst die jeweilige Gesellschaft und damit auch die Geschäftswelt. In der Praxis bedeutet das: Kulturen mit einem eher geringen Hierarchieanspruch streben in allen Bereichen nach Gleichberechtigung. Haben Sie es dagegen mit einer Kultur mit stark ausgeprägtem Hierarchiedenken zu tun, müssen Sie sich weit mehr anpassen und vor allem mit dem richtigen Partner in Kontakt treten, um den Geschäftsprozess zu forcieren und Erfolg zu haben.

Kulturräume mit ausgeprägtem hierarchischem Denken fordern Respekt und Gehorsam gegenüber dem Höhergestellten. Um zum Beispiel in die chinesische, indische oder russische Marktwirtschaft einzutauchen, ist ein gutes Netzwerk – mit den richtigen Partnern – die beste Basis, wobei der erste Kontakt meist über einen Agenten geknüpft wird. Und auch dann erfordert es noch viel Zeit und Geduld, um zu den richtigen Personen mit dem entscheidenden Status vorzudringen.

Wie groß der Respekt vor Hierarchien in den einzelnen Ländern im Schnitt tatsächlich ist, hat Geert Hofstede, Experte für Kulturwissenschaften, untersucht und in einer Tabelle mit sogenannten Machtdistanz-Indexwerten zusammengefasst. Eine sehr gute Orientierungshilfe, die alle Länder auf einer Skala von 0 bis 100 einordnet, wobei 0 für wenig Respekt vor hierarchisch Höhergestellten steht und 100 für viel Respekt. Hier einige Beispiele:

- Österreich 11
- Israel 13
- Dänemark 18
- Schweden 31
- Schweiz 34
- Deutschland 35
- Niederlande 38
- USA 40
- Japan 54
- Frankreich 68
- Hongkong 68
- Indien 77
- Westafrika 77
- Indonesien 78
- China 80
- Russland 95

Die höchsten Punktzahlen auf dem Machtdistanz-Index erreichen Russland sowie asiatische und afrikanische Länder. Die Vereinigten Staaten besetzen mit 40 Punkten auf der Skala das untere Mittelfeld. Und in Europa ist die Machtdistanz generell niedriger, wobei Frankreich mit erstaunlichen 68 Zählern eine Ausnahme bildet. Den geringsten Respekt vor hierarchisch Höhergestellten haben der Untersuchung zufolge die Österreicher mit gerade einmal 11 Punkten und Israel mit 13 Punkten.

Tipps für die Zusammenarbeit mit Ländern, die einen höheren Indexwert haben als das eigene Land:

- Machen Sie Ihren Rang deutlich.
- Treten Sie vor allem in Kontakt mit dem »Entscheider«.
- Haben Sie Geduld.
- Geben Sie klare, strukturierte Anweisungen.
- Agieren Sie mit Respekt und halten Sie Distanz.
- Den nötigen Respekt zeigen Sie durch Ihre Sprache und Ihr Verhalten.

- Stellen Sie sich auf mehr Bürokratie beim Organisieren und auf die Teilnahme von Mitarbeitern von Regierungsbehörden ein.
- Protokolle sind meist wichtig.

Tipps für die Zusammenarbeit mit Ländern, die einen niedrigeren Indexwert haben als das eigene Land:

- Die Gleichbehandlung aller Gesprächsteilnehmer, unabhängig von Rang und Position, steht im Vordergrund.
- Die zwischenmenschliche Beziehung ist vorrangig. In erster Linie möchte man Sie als Person kennenlernen.
- Formalitäten, Protokolle, Bürokratie oder Etikette sind untergeordnet.
- Ein kooperativer Führungsstil ist von Vorteil.
- Beurteilen Sie Menschen nicht aufgrund von Statussymbolen, Aussehen und Privilegien.
- Beziehen Sie andere Menschen in Ihre Entscheidungen mit ein.

Fazit: Je intensiver Sie sich vorab mit dem jeweiligen »Businesscharakter« eines internationalen Geschäftskontakts in den genannten Kategorien vertraut machen, desto besser. Eruieren Sie als Erstes die kulturspezifischen Besonderheiten, die es zu beachten gilt, um nicht als respektlos, ignorant, überheblich oder gar verächtlich zu erscheinen. Sind Ihnen die wichtigsten Fakten geläufig, können Sie sich auf die Feinheiten der verbalen und nonverbalen Völkerverständigung konzentrieren – und auf eine erfolgreiche Zusammenarbeit mit positiven Ergebnissen hoffen.

Begrüßung: die erste Herausforderung

Begrüßungen stellen bei internationalen Beziehungen eine besondere Herausforderung dar. Sie unterliegen sehr stark nationalen Riten und können durchaus ungewöhnlich und sehr spannend ausfallen.

In vielen internationalen Meetings wird beim ersten Aufeinandertreffen die Hand zum Gruß ausgestreckt. Klingt einfach, doch auch diese uns vertraute Geste birgt unter Umständen Konfliktpotenzial. Schließlich kann die richtige beziehungsweise falsche Begrüßung für den weiteren Verlauf einer grenzüberschreitenden Kontaktaufnahme von entscheidender Bedeutung sein. Während der klassische Handschlag im westlichen Kulturkreis als gängiges Willkommensritual gilt, erfolgt in den asiatischen Ländern die Begrüßung unterschiedlich.

- Wer in Thailand eingeladen wird, sollte keinesfalls auf die Türschwelle treten, weil dort die Schutzgeister ruhen. Und bitte auch keinen Blumenstrauß mitbringen, das brächte Unglück und die Gastgeberin müsste sofort das Böse hinauskehren.
- Einem Inder sollten Sie beim Handschlag die Hand nur leicht drücken. Als Mann sollten Sie auf die Initiative Ihrer indischen Geschäftspartnerin warten. Die Begrüßung per Handschlag gehört zum Körperkontakt und ist zwischen Frauen und Männern nicht überall auf dieser Welt üblich. In den hinduistischen Landesteilen zeigen Sie mit einer leichten Verbeugung mit dem Grußwort »Namaste« Respekt vor der Kultur Ihrer Geschäftspartner. Die Namaste-Begrüßung ist die häufigste hinduistische Grußform. Dabei werden die Hände vor der Brust mit den Innenflächen aneinandergelegt, sodass die Fingerspitzen nach oben zeigen [Bild Nr. 81]. Bei der Aussprache des Wortes »Namaste«, das aus dem Sanskrit stammt und »Verehrung dir« bedeutet, wird der Kopf leicht nach vorne gebeugt. Diese Begrüßung hat eine große symbolische Bedeutung: Die beiden Hände sollen die positiven und negativen Kräfte darstellen, ähnlich dem Yin und Yang. Beim Zusammenlegen der Hände hebt sich diese Dualität auf, was eine gewisse Ausgeglichenheit verdeutlicht. Inder legen hohen Wert auf Titel und Höflichkeitsfloskeln. Schauen Sie sich die Visitenkarten Ihrer Geschäftspartner genau an.
- Bei Japanern steht die Verbeugung im Vordergrund. Sie setzen

Für die Namaste-Begrüßung legen Sie die Hände vor der Brust aneinander, die Fingerspitzen zeigen nach oben.

Frauen legen die Hände auf die Oberschenkel, die Männer legen sie an die Seite.

zwar schon häufiger den Arm zur Begrüßung ein, doch dieser ist gerade ausgestreckt, um die Distanz zu wahren, und der Druck ist sanfter. Eine Verbeugung erfolgt mit einem geraden Rücken, wobei Männer ihre Arme an der Seite halten und Frauen die Arme auf die Oberschenkel legen [Bild Nr. 82]. Die Verbeugung ist abhängig von Rang, Alter und Geschlecht. Wer in der Hierarchie niedriger steht, sollte sich tiefer verbeugen und sich erst nach dem Ranghöheren aufrichten. Im privaten Bereich stehen Ältere über Jüngeren, Gäste über Gastgebern, Männer über Frauen. Im geschäftlichen Bereich spielt der Rang eine entscheidende Rolle. Der Chef steht natürlich über seinen Mitarbeitern und der Kunde über dem Verkäufer. Bei Personen mit einem sehr hohen Rang ist eine tiefe Verneigung angebracht. Beim Überreichen der Visitenkarte verwenden Sie beide Hände sowohl zum Geben als auch zum Nehmen, und schauen Sie sich auch diese Visitenkarte sehr genau an.

◆ In Russland ist ein langer Händedruck üblich, der nach dem zweiten Treffen möglicherweise schon mit einem Schulterklopfen intensiviert wird. Vergessen Sie den berühmten »sozialistischen Bruderkuss«. Dieser ist nicht mehr üblich. Russen, die sich sehr gut verstehen, empfinden jedoch eine innige und intensive Umarmung als angemessen.

◆ Im Mittleren Osten begrüßt man Geschäftspartner mit einem gewöhnlichen Handschlag. Mitunter wird auch nur eine Hand auf die andere gelegt. Danach erfolgt der Austausch der Visitenkarten. Sehen Sie sich die häufig sehr aufwendig gestalteten Karten an und merken Sie sich die wichtigsten Fakten.

◆ In Lateinamerika wird meist eine Hand auf die andere gelegt.

◆ Begrüßen sich Türken, die in engem Kontakt miteinander stehen, wird der Handschlag oft von einem Küsschen begleitet. Dabei werden nur die linke und rechte Wange berührt. Von Menschen aus anderen Kulturen wird dieses Begrüßungsritual nicht erwartet. Sollte Ihnen der Gastgeber allerdings die Wange entgegenhalten, reichen auch Sie Ihre linke und dann die rechte Wange, während Sie sich die Hand schütteln.

◆ Deutsche und Amerikaner bevorzugen einen festen Handschlag als Zeichen für Selbstsicherheit. Franzosen haben einen softeren Handschlag.

Vermeiden Sie Revierkonflikte

Welche Distanz zwischen zwei Menschen ist für beide Seiten angenehm? Das ist je nach Nation und Kultur sehr unterschiedlich. Mit dem Raumverhalten des Menschen, der sogenannten Proxemik, hat sich ein US-amerikanischer Anthropologe in den 1950er Jahren beschäftigt. Sein Fazit: So wie jedes Tier sein Revier braucht, so benötigt auch jeder Mensch seine Distanzzonen und Abgrenzungen und reagiert mit einem Flucht- oder Angriffsimpuls, wenn diese verletzt werden.

Damit ist natürlich kein eingegrenztes Gebiet gemeint, in dem sich der Mensch bewegt und das er nie verlässt. Vielmehr handelt es sich um verschieden große Räume, die jeden Menschen unbewusst umgeben und die er immer mit sich herumträgt. Diese Räume können entweder tatsächlich oder symbolisch erweitert oder verringert werden, je nach Sympathie. Die meisten Menschen bewegen sich in vier Distanzzonen, nach denen sie ihr Verhalten ausrichten.

Die Bedeutung und die Größe der Distanz sind dabei abhängig von

◆ dem Geschlecht / der Rolle (Frau / Mann),
◆ der sozialen Schicht (Statusgleichheit, Hierarchieunterschiede, Dominanz),
◆ den psychischen Eigenschaften (extrovertiert / introvertiert, Denk- / Gefühlstyp),
◆ Ethnie, Nationalität und Kultur.

Angemessene Distanz

Je nach Art ihrer sozialen Beziehung und der kulturellen Herkunft nehmen Menschen hierzulande üblicherweise folgende Distanzzonen zueinander ein:

◆ Intimdistanz bis zu 45 Zentimeter (bei engen Freunden oder Verwandten),
◆ Gesprächsdistanz zwischen 45 und 80 Zentimeter (bei Freunden oder engen Mitarbeitern),
◆ Wahrnehmungsdistanz zwischen 60 und 120 Zentimeter (bei Mitarbeitern und Bekannten) und
◆ öffentliche Distanz bis zu 150 Zentimeter (bei Fernstehenden oder Fremden, abhängig von deren wahrgenommener Freundlichkeit).

Diese Angaben stellen lediglich einen Richtwert dar. Natürlich benötigen beispielsweise introvertierte Menschen eine größere Distanz zu ihrem Gesprächspartner als extrovertierte.

Distanzzonen international

Doch was bedeuten diese theoretischen Erkenntnisse für die alltägliche Praxis im Umgang mit internationalen Geschäftspartnern? Eine kleine Hilfestellung: In Amerika gilt die berühmte Armlänge als ideale Distanz zwischen zwei Personen. Alles darunter wird in Businesskreisen als unangenehm und aufdringlich empfunden. In Frankreich ist diese Zone etwas enger gesteckt, in Holland und Deutschland etwas weiter. Japaner benötigen den größten Abstand, um sich wohlzufühlen. Im Mittleren Osten und in Lateinamerika dagegen beanspruchen die Menschen sehr wenig Raum für sich. Nordeuropäer benötigen mehr Raum als Südländer und Menschen aus dem mittleren Orient.

»Problematisch« könnte also eine Begegnung zwischen einem zurückhaltenden Engländer und einem temperamentvollen Puerto Ricaner werden. Eine Studie hat ergeben, dass ein Engländer seinen Gesprächspartner in 60 Minuten in der Regel nicht ein einziges Mal berührt, ein Puerto Ricaner hingegen kommt auf bis zu 180 Berührungen.

Zugegeben, es handelt sich hier um eine sehr extreme Konstellation. Doch auch in einem weniger extremen Fall kann der unterschiedliche Raumbedarf zu Irritationen führen. So empfindet es ein deutscher Geschäftsmann vielleicht schon als Eintritt in seine Intimzone, wenn jemand nach dem Klopfen in sein Büro kommt, ohne seine »Erlaubnis« in Form des klassischen »Herein« abzuwarten. Eine amerikanische Führungskraft fühlt sich dagegen so lange nicht gestört, wie der Eintretende im Türrahmen der offenen Tür stehen bleibt.

Andere Länder – andere Signale

In der interkulturellen Kommunikation spielen nonverbale Signale eine große Rolle. Wer nicht die gleiche Sprache spricht wie sein Gegenüber, kann sich doch mit Händen und Füßen verständigen, oder? Eigentlich schon. Doch ganz so einfach ist es auch wieder nicht. Nach dem Prinzip »Andere Länder, andere Gesten« hat jedes Land seine eigene Körpersprache, die eng an eine bestimmte Kultur und individuelle gesellschaftliche Normen gebunden ist. Wer also grenzüberscheitend kommuniziert, sollte einige internationale körpersprachliche Besonderheiten beachten, um nicht nonverbal in das berühmte Fettnäpfchen zu treten.

Eine Geste, viele Bedeutungen

Die Gefahr, mit einer scheinbar harmlosen Geste in anderen Ländern komplett missverstanden zu werden, ist deutlich größer als im Falle der Mimik. Zwar existieren sehr viele hierzulande selbstverständliche Alltagsgesten auch bei anderen Nationen. Häufig hat jedoch ein und dieselbe Geste in einem fremden Kulturkreis eine völlig andere Bedeutung. Automatisch davon auszugehen, dass ein Körpersignal überall gleich zu deuten ist, kann peinlich werden.

Unterschiedliche Botschaften

»Andere Länder – andere Sitten« … »und andere Botschaften«, könnte man hinzufügen. Das zeigen die folgenden Beispiele:

◆ Allein die Intensität einer Berührung kann schon zum nonverbalen Stolperstein werden. Ist es beispielsweise in südamerikanischen Ländern durchaus üblich, seinen Gesprächspartner rund 180 Mal pro Stunde zu berühren, würde dieses Verhalten in Nordeuropa höchstwahrscheinlich als sehr aufdringlich, wenn nicht gar als Belästigung empfunden werden. Ein Südamerikaner könnte umgekehrt bei einem typisch nordeuropäischen Gespräch mit geringer Berührungsintensität den Eindruck bekommen, er wäre seinem Gegenüber unsympathisch.

◆ Je mehr Raum jemand beansprucht, desto mehr Aufmerksamkeit erzeugt er. Also: Je größer die Armbewegungen, desto mehr Wirkung und desto kraftvoller der Eindruck auf andere. Nicht ohne Grund setzen daher in den meisten Kulturen Männer auf größere Armbewegungen als Frauen.
Doch auch international gibt es hierbei deutliche Unterschiede. Will ein amerikanischer Manager einen Punkt in einer Diskussion besonders betonen, schlägt er mit der Faust auf den Tisch und unterstreicht das Gesagte mit einem stakkato-artigen Klopfen. Auch amerikanische Managerinnen verwenden diese Gesten, jedoch in einer reduzierten Form.
Japanische Männer beschränken sich auf wenige Armbewegungen. Raum ist in Japan generell begrenzt, und ausladende Bewegungen könnten das private Territorium der Anwesenden stören. Deshalb wirkt »typisch« japanisches Verhalten auf westliche Kulturen häufig unterwürfig oder befangen, und Japaner machen in Verhandlungen häufig einen desinteressierten oder gleichgültigen Eindruck. Sie empfinden intensive Armbewegungen als Ablenkung und können sich dadurch weniger gut konzentrieren.
Araber nutzen ihre Arme noch stärker zur nonverbalen Kommunikation als Amerikaner. Sie unterstreichen jedes Wort mit entsprechenden ausladenden Gesten und signalisieren auf diese Weise unmissverständlich Emotionen wie Ärger oder Begeisterung.

◆ Wer auf sich selbst verweisen möchte, verwendet in den einzelnen Ländern ebenfalls recht unterschiedliche Gesten. Deutsche

83

US-Amerikaner verweisen mit der flachen Hand auf der Brust auf sich.

84

Japaner hingegen deuten mit dem Zeige- und Mittelfinger auf ihre Nase.

zeigen beispielsweise mit dem Zeigefinger auf Brust oder Bauch. US-Amerikaner legen ihre rechte Hand flach auf die Brust [Bild Nr. 83]. Japaner deuten mit ihrem ausgestreckten Zeige- und Mittelfinger auf ihre Nase [Bild Nr. 84]. Klopft sich allerdings ein Italiener mit dem Zeigefinger seitlich an die Nase, dann will er zum Ausdruck bringen, dass ihm etwas suspekt vorkommt.

◆ Wie würden Sie nonverbal signalisieren, dass Sie etwas zu essen haben möchten? Kommen Sie aus Deutschland, dann öffnen Sie wahrscheinlich den Mund und zeigen mit dem Zeigefinger in die Mundhöhle oder Sie imitieren eine Essbewegung mit einer imaginären Gabel. Ein Südeuropäer oder Südamerikaner drückt dagegen die Fingerspitzen zusammen und führt sie zum Mund, so als würde er mit den Fingern essen. Ein Japaner wiederum deutet mit der nach oben geöffneten linken Hand eine Schale an und mit dem rechten Zeige- und Mittelfinger Essstäbchen, die er von der Schale zum Mund führt.

◆ Winken Europäer und US-Amerikaner jemanden herbei, dann

Europäer und US-Amerikaner winken mit den Fingern nach oben jemanden herbei.

In Lateinamerika und im Vorderen Orient winkt man anders herum jemanden zu sich.

zeigt die Handinnenfläche meistens nach oben, und abgewinkelte Finger machen eine schnelle Bewegung auf die Person selbst zu [Bild Nr. 85]. In Spanien, Portugal, Süditalien, Lateinamerika, Nordafrika, im Vorderen Orient und im südlichen Balkan wird das Winken mit nach unten gehaltener Handfläche ausgeführt, also genau umgekehrt [Bild Nr. 86].

◆ Mit Sicherheit haben auch Sie bei einem Italienbesuch schon folgende Geste wahrgenommen: Die Handinnenfläche ist nach oben gedreht, die Finger werden eng nach oben gebogen und der Daumen an die Finger gestützt. Ein Italiener drückt damit aus: »Was wollen Sie eigentlich?«, wenn ihm etwas nicht gefällt. In der Türkei bedeutet diese Geste »schön, gut«. Und in Ägypten drückt man damit aus: »Einen Moment, gedulden Sie sich bitte.«

In Europa und Nordamerika ist das eine Geste der Zustimmung.

Das »Victory-Zeichen« gilt mancherorts als Beleidigung.

»Sichtbare« Missverständnisse

Gesten können also nicht nur sehr unterschiedlich, sondern auch missverständlich sein, selbst wenn es sich um vermeintlich geläufige Zeichen handelt.

◆ Ein mit Daumen und Zeigefinger geformtes »O« [Bild Nr. 87] gilt in Nordamerika und Europa als positives und zustimmendes Zeichen. Japaner symbolisieren auf diese Weise Geld. In Frankreich, Belgien und Tunesien erkennt man in dieser Handbewegung die Form einer Null und versteht darunter ein Zeichen dafür, dass etwas als wertlos eingeordnet wird. In Malta, Tunesien, Griechenland, der Türkei, Russland, Teilen Südamerikas sowie im Nahen Osten ist das »O« eine beleidigende Geste und gilt als äußerst obszön.

◆ Das gilt ebenso für das »Victory-Zeichen« [Bild Nr. 88], bei dem Zeige- und Mittelfinger V-förmig nach oben gestreckt werden, und das meistens als Symbol für Sieg oder Frieden gilt. In Groß-

Beide Daumen nach oben haben durchweg eine positive Bedeutung.

Schon Kinder wissen: Auf andere Leute zeigen ist tabu.

britannien und Australien gibt diese Geste jemandem auf sehr unhöfliche Weise zu verstehen, dass seine Gegenwart nicht mehr erwünscht ist.

◆ Als Linkshänder kann man in arabischen Kulturen schnell in Ungnade fallen, wenn man mit der linken Hand etwas reicht oder entgegennimmt, denn die linke Hand gilt als unrein und ist hygienischen Funktionen vorbehalten. Daher gehört sie beim Essen auch nicht auf den Tisch und wird schon gar nicht zur Nahrungsaufnahme benutzt.

◆ »Daumen hoch« [Bild Nr. 89] hat in vielen Ländern eine positive Bedeutung. Diese Geste kommt aus der römischen Gladiatorenzeit. Zeigte der Daumen des Kaisers nach oben, dann war der Kampf beendet und dem Kämpfer wurde die Freiheit geschenkt. Zeigte er nach unten, ging die Show weiter und der Kämpfer musste sterben. Seitdem bedeutet der nach oben gerichtete Daumen in vielen Kulturen »Alles okay«, »Prima« oder »Hervorragend«.
Nicht jedoch in Australien oder Nigeria, wo diese Geste etwas

völlig anderes aussagt, zum Beispiel »Hau ab«. Dabei wird der Daumen in der Regel ein wenig hin und her bewegt. Während der gestreckte Daumen in Deutschland auch für die Zahl »Eins« stehen kann, weil wir mit diesem Finger eine Aufzählung beginnen, kann in Japan die Zahl »Fünf« gemeint sein. In Teilen des Mittleren Ostens ist der Daumen außerdem ein Flirtsignal, und in einigen Teilen Griechenlands wird er als obszöne Geste verstanden.

- Oder nehmen wir eine so alltägliche Geste wie das Deuten auf etwas oder jemanden. Bei uns lernen schon kleine Kinder, dass man mit dem Finger nicht auf andere Leute zeigt [Bild Nr. 90]. Auch in China, Indonesien und Sri Lanka ist das Zeigen mit dem Zeigefinger auf Menschen tabuisiert. Besonders vorsichtig sollte man mit Zeigefingergesten in Thailand sein. Wer dort lässig grüßend mit dem Zeige- und Mittelfinger an seine Schläfe tippt, lädt zu homosexuellen Abenteuern ein. Und wer seine Rede mit einem Faustschlag in die eigene Hand bekräftigt, beleidigt Frauen, weil diese Geste als sexuelle Aufforderung verstanden wird.

- Ein körpersprachlicher Fettnapf, den Sie im Mittleren Osten unbedingt vermeiden sollten: Zeigen Sie niemals Ihre Schuhsohle, indem Sie zum Beispiel mit übereinandergeschlagenen Beinen dasitzen. Mit der Schuhsohle zeigen Sie Ihrem Gegenüber den Schmutz der Straße, der als unrein gilt. Nicht ohne Grund ist das Bewerfen mit Schuhen in der arabischen Kultur Ausdruck großer Verachtung.

Damit sind Sie auf der sicheren Seite

Diese Beispiele zeigen nur einen Bruchteil möglicher »Sprachfallen« auf, die die internationale Verständigung auf nonverbaler Ebene bereithält. Das erscheint angesichts unzähliger kultureller Unterschiede weltweit naheliegend. Es ist ohnehin schier unmöglich, sich alle kulturbedingten Gesten einzuprägen. Fünf einfache Grundregeln können jedoch helfen, Fehlinterpretationen zu reduzieren:

1. Körpersprachliche Signale sollten nicht einzeln für sich, sondern immer im Zusammenhang betrachtet werden. Ein einzelnes körpersprachliches Signal sagt wenig aus, wenn der übrige Körper den Eindruck nicht verstärkt. Das Zusammenwirken von Körpersprache, Sprache, Situation und Kultur ist entscheidend.

2. Vorurteile haben bei nonverbaler Völkerverständigung nichts zu suchen, denn nur wer unvoreingenommen ist, kann sein Gegenüber auch wirklich verstehen.

3. »Täuschungsmanöver« lassen sich auch bei einer fremden Körpersprache erkennen. Ein Mensch, der über seine Körpersprache zeigt, was er denkt oder fühlt, wirkt authentisch. Wer etwas ausdrückt, das im Widerspruch zu dem steht, was er sagt, erschwert das gegenseitige Verstehen. Nachfragen sorgt in so einem Fall für Klarheit.

4. Bei interkulturellen Begegnungen ist das Wissen um die Kulturstandards des Gegenübers zwar hilfreich, um die Gesten adäquat zu interpretieren. Ebenso wichtig sind jedoch Einfühlungsvermögen, Sympathie, Verständnis, Akzeptanz, Neugierde und die Gewissheit, dass es Unterschiede gibt. Diese Unterschiede zu erkennen, ist die wichtigste Voraussetzung für eine gute zwischenmenschliche interkulturelle Kommunikation.

5. Dass es selbst trotz gleicher Kulturstandards in der nonverbalen Kommunikation Missverständnisse gibt, liegt daran, dass niemand eine Situation oder einen Gegenstand exakt so sieht wie sein Gegenüber. Jeder Mensch nimmt die Dinge um ihn herum anders wahr, denn in alle Wahrnehmungen fließen immer auch persönliche Erfahrungen mit ein. Bleibt also die Frage: Wie geht man mit der Körpersprache auf internationalem Parkett auf Nummer sicher, ohne vorher das nonverbale Vokabular jeder Nation auswendig zu lernen? Am ratsamsten erscheint hier die Strategie der sparsamen Gestik und Mimik. Je zurückhaltender die eigene Körpersprache, desto weniger kann sie missverstanden werden.

Gleiche Emotionen – andere Mimik?

Viele Studien belegen, dass emotionale Gesichtsausdrücke universell zu entschlüsseln sind – verständlich müssen sie deswegen aber noch lange nicht sein. Schließlich ist die Entstehung bestimmter Gefühle keineswegs überall gleich, sie wird von Kultur zu Kultur unterschiedlich bewertet. Nach Aussage eines US-amerikanischen Psychologen existieren zehn Basisemotionen, die weltweit und in jeder Kultur vorkommen:

Interesse, Leid, Widerwille (Aversion), Freude, Zorn, Überraschung, Scham, Furcht, Verachtung und Schuldgefühl. Doch es hängt von den jeweiligen gesellschaftlichen Konventionen ab, wann wer in welcher Situation welche Emotion zeigt.

Emotionen – eine Welt für sich

Auf internationaler Ebene ist eine differenzierte Wahrnehmung von Emotionen gefragt. So wird selbst eine universelle Emotion wie Ärger in verschiedenen Kulturen und Situationen unterschiedlich oder auch gar nicht zum Ausdruck gebracht. In asiatischen Kulturen ist es beispielsweise unüblich, Ärger zu zeigen. Das gilt schon für kleine Kinder. Wenn sie einen Wunsch nicht erfüllt bekommen, nehmen sie – anders als Kinder in westlich geprägten Kulturen – die Situation einfach hin.

Die Wahrnehmung von Emotionen

Bei der Interpretation von Emotionen kommt es vor allem zwischen westlichen und asiatischen Kulturen immer wieder zu Missverständnissen. Asiaten haben Probleme damit, den Ausdruck negativer Emotionen wie Angst, Ärger und Ekel bei Europäern und Amerikanern richtig zu interpretieren, weil sie selbst diese Signale weniger zur Schau stellen.

Europäer und Amerikaner haben wiederum das Gefühl, Asiaten seien in der Regel sehr emotionslos. Der Grund: Offenbar gibt es unterschiedliche kulturelle Dekodierungsvorgänge von Gesichtsausdrücken. Asiaten legen den Fokus beim Interpretieren von mimischen Signalen fast nur auf die Augen, während abendländische Kulturen die Kombination aus Augen- und Mundbewegungen ins Visier nehmen.

Hinzu kommt der sogenannte Cross-Race-Effekt, durch den die Wiedererkennungsleistung von Gesichtern und Emotionen aus derselben ethnischen Gruppe leichter fällt. So können Asiaten die Emotionen bei Angehörigen ihrer Ethnie besser interpretieren als bei Angehörigen einer anderen Ethnie und umgekehrt. Solche Verständigungshürden scheinen mit der Grund dafür zu sein, dass etwa 50 Prozent aller Verhandlungen zwischen Deutschen und Chinesen scheitern. Und selbst eine scheinbar erfolgreich abgeschlossene Vertragsverhandlung erweist sich in 60 bis 70 Prozent der Fälle als suboptimal.

Rund ein Drittel der gescheiterten Verhandlungen können laut einer Studie indirekt auf den Cross-Race-Effekt zurückgeführt werden, der unter anderem mangelnde Empathie und eben auch eine falsche Einschätzung zwischen Kommunikationspartnern unterschiedlicher Nationalitäten zur Folge hat.

Wie viel Emotion ist angemessen?

Unterschiedliche Kulturen haben unterschiedliche Standards zum Umgang mit Emotionen. Jede Kultur bestimmt aufgrund ihrer sozialen Normen, Moral und Wertvorstellungen, wann jemand bestimmte Emotionen zeigen darf und wann welche Emotionen angebracht sind, wann sie heruntergespielt, intensiviert, »neutralisiert« oder hinter einer anderen Emotion versteckt werden. Auch in westlichen Kulturen wird Emotionen nur bis zu einem gewissen Grad Verständnis entgegengebracht. Wer sich zu gefühlvoll zeigt, dem wird schnell ein Mangel an Selbstkontrolle und eine labile Persönlichkeit zugeschrieben.

Im Iran dagegen spielt das kurzfristige Zeigen von intensiven negativen Gefühlen eine wichtige Rolle. Betroffene erleben sich als unzufrieden, schlecht gelaunt, gereizt, mürrisch oder verärgert und tragen diese Empfindung deutlich nach außen. Das tragische Lebensgefühl darf in der Öffentlichkeit gezeigt werden.

Generell wird, auch was die Zurschaustellung von Emotionen betrifft, zwischen individualistischen und kollektivistischen Ländern unterschieden. In kollektivistischen Kulturen wie Ostasien und Südamerika ist das Wohl der Gemeinschaft wichtiger, während individualistische Kulturen, zu denen die westlichen Industrienationen zählen, die Unabhängigkeit und Einzigartigkeit des Menschen in den Vordergrund stellen.

Innerhalb dieser beiden Kulturzonen gibt es ein deutlich unterschiedliches Emotionsmanagement: In kollektivistischen Kulturen erlebt man starke Gefühlsregungen selten bei einer einzelnen Person, sehr wohl aber in Gruppen. Sie entstehen häufig aufgrund eines positiven oder negativen (Groß-)Ereignisses und sind somit auf ein Objekt bezogen. Demgegenüber legen Menschen aus individualistischen Kulturen sehr viel mehr Wert auf die Unabhängigkeit von Emotionen und lassen sich weniger von der Gruppe oder der Situation beeinflussen.

Der internationale Emotionsatlas

In länderübergreifenden Geschäftsverhandlungen spielt der Grad der emotionalen verbalen und nonverbalen Signale eine wesentliche Rolle. Wie sähe beispielsweise die Reaktion Ihres Businesspartners auf ein lautes Lachen, ein zu langes Starren oder eine Schimpftirade aus? Oder besser gefragt: In welchen Ländern sollten wir welches Maß an Emotionen zeigen?

Hier eine Auswahl:

◆ **England**
Die feine englische Art wird mit einem respektvollen, zurückhaltenden Auftritt gleichgesetzt. Dazu gehört eine uneingeschränkte Höflichkeit in jeder Situation. Gefühlsausbrüche werden als peinlich empfunden. Es ist immer eine gewisse Coolness und Distanziertheit gefragt, auch wenn Briten für ihren besonderen Humor bekannt sind.

◆ **Schweiz**
Pünktlichkeit, Korrektheit, angemessene Distanz, eine sachliche Orientierung auf das Wesentliche und die Konzentration auf entscheidende Details sind wichtig. Höfliches Verhalten und Konsensfindung stehen im Vordergrund. Es muss alles immer genau geklärt werden. Schweizer sind sehr zurückhaltend mit Emotionen.

◆ **Indien**
Inder sind emotionale Menschen, auch wenn die meisten ihre Gefühle in Geschäftsverhandlungen eher zurückhalten. Gelächter und lockere Umgangsformen sind jedoch immer willkommen und dienen auch als Stressregulator. Anteilnahme zeigen hilft dabei, schneller eine Vertrauensbasis zu bilden.

◆ **Philippinen**
Das philippinische Volk agiert immer mit Zurückhaltung. Für Sie bedeutet das: Sie können dezent lächeln, wenn es zur Situation passt. Laute Äußerungen oder emotionale Ausbrüche sind dagegen absolut unangebracht. Sie bringen Ihr Gegenüber damit regelrecht in Verlegenheit. Versuchen Sie allenfalls von Angesicht zu Angesicht emotional zu werden, jedoch nie vor einer Gruppe. Philippiner gelten als ein sehr sensibles Volk.

◆ **Tansania**
Man erwartet, dass Sie sich ruhig und cool verhalten. Sind Sie

wütend, dann drücken Sie das mit Ihrer Mimik aus. Es ist unangebracht, laut zu werden oder gar jemanden zu beschimpfen. Weinen wird als Zeichen von Schwäche empfunden und bei Männern auf keinen Fall akzeptiert. Witze reißen ist okay, solange sie angemessen bleiben.

◆ **China**

In Geschäftsmeetings stehen Freundlichkeit und Höflichkeit an oberster Stelle. Verhandlungen sind zunächst immer ein wenig »undurchsichtig«. Westliche Kulturen sind es gewohnt, dass die Karten auf den Tisch gelegt werden. Chinesen nähern sich dagegen langsam den Kernfragen an. Nach dem Austausch vieler Höflichkeiten werden Schritt für Schritt konsensfähige Bereiche abgesteckt. Chinesen möchten wissen, mit wem sie es zu tun haben. Es wird viel gelächelt, manchmal auch aus Scham oder Unsicherheit. Je peinlicher eine Situation, umso mehr wird gelächelt. Lächeln kann auch andeuten, dass etwas als nicht korrekt angesehen wird.

◆ **Mexiko**

Hier zählt vor allem die gute Beziehung zum Ranghöchsten. Ist diese intakt, dann stellen Sie sich auf ein langwieriges Verhandlungsritual mit exzessivem Essen und Feilschen ein. Mexikaner wirken im Vergleich zu Brasilianern ernster und verschlossener. Dennoch werden Geschäftspartner mit großer Herzlichkeit und Offenheit empfangen. Expressives Gestikulieren und lautes Lachen gehören zu einer guten Unterhaltung. Ein freundschaftlicher Umgang wird häufig mit Körperberührungen unterstrichen. Weichen Sie nicht aus, denn das signalisiert in dieser Kultur Misstrauen. Emotionen sind ein wichtiger Teil der mexikanischen Kultur. Gefühle werden offen zum Ausdruck gebracht und angespannte Situationen durch Witze und Geplänkel aufgelockert. Kritisieren Sie nicht und versuchen Sie, Konflikte zu vermeiden.

◆ **Russland**

Auf den ersten Blick erscheinen viele Russen eher unfreundlich und verschlossen. Schließlich ist es hier unüblich, fremde Menschen anzulächeln. Für Russen muss ein Lachen von Herzen kommen und darf nicht vorgetäuscht sein. Dazu muss die Beziehung passen. Russen können außerdem wunderbar ihre Emotionen kontrollieren. Stellen Sie sich darauf ein, dass exzessives Essen und Trinken zu jeder Verhandlung dazugehören.

◆ **Nordamerika**

Offen, freundlich, informell, optimistisch und leidenschaftlich –
das könnte das Motto für Geschäftsbeziehungen mit den USA sein.
Geben Sie sich positiv und zuversichtlich. Fallen Sie nicht mit der
Tür ins Haus, beginnen Sie nicht gleich zu diskutieren, das könnte
am Anfang einer Geschäftsanbahnung als zu aggressiv empfunden
werden. Zunächst steht gepflegter Small Talk auf der Tagesord-
nung, um eine gute Gesprächsbasis zu schaffen. Deshalb werden
Sie auch schnell mit dem Vornamen angesprochen. Manchmal werden Sie zu Unternehmungen eingeladen, was Sie nicht unbedingt
ernst nehmen sollten. Achten Sie trotz freundschaftlicher und
vertrauter Stimmung auf eine angemessene Distanz und Zurückhaltung. Mischen Sie sich nicht in private Angelegenheiten ein,
denn Privatsphäre und Individualität sind Amerikanern heilig. Und
beherzigen Sie das amerikanische Credo: »You can make it!«

◆ **Bulgarien**

Auf den ersten Blick wirken Bulgaren ernst und zurückhaltend,
darum sollten Sie besonders am Anfang viel Zeit in eine gute Beziehungsebene investieren. Andeutungen sind in Bulgarien ganz
normal, es wird eher indirekt kommuniziert. Hier gilt es, zwischen
den Zeilen zu lesen, um ein Gesamtkonzept zu generieren. Kritik
ist nicht angebracht. Wird eine Frage übergangen, dann möchte
man nicht näher darauf eingehen. Sie sollten sie also nicht wiederholen. In Verhandlungen sind Bulgaren fair und kompromissbe-
reit. Stellen Sie sich darauf ein, dass in Meetings mehrere Dinge
gleichzeitig bearbeitet werden.

Zustimmung oder Ablehnung?

In den meisten Kulturen wird ein Nicken als Signal der Zustimmung
interpretiert, ein Kopfschütteln dagegen als Ablehnung. Eine Ausnahme
bildet in diesem Fall Bulgarien. Das Kopfschütteln ist hier ein Signal für
Zustimmung. Wichtig zu wissen!

Auch das Neigen des Kopfes hat unterschiedliche Bedeutungen.
Gilt es in westlichen Kulturen oftmals als Geste der Ablehnung oder
Unsicherheit, kann es in asiatischen Kulturen ein Zeichen für aktives
Zuhören sein oder es bedeutet: »Ich akzeptiere meine hierarchische
Stellung.« Demzufolge ist das Neigen des Kopfes bei untergeordneten
Personen noch betonter.

Japanische Manager senken während einer Verhandlung häufig den Kopf und schließen ihre Augen, um durch nichts abgelenkt zu werden und sich besser konzentrieren zu können. Für Amerikaner oder Europäer ist das hingegen ein Zeichen von Desinteresse und Respektlosigkeit.

Daran erkennen Sie ein »Ja«:

◆ Mit dem Kopf nicken: weltweit
◆ Kopf hin und her wiegen: Indien, Pakistan, Bulgarien
◆ Kopf zurückwerfen: Äthiopien

Daran erkennen Sie ein »Nein«:

◆ Kopf schütteln: weit verbreitet
◆ Kopf zurückwerfen: arabische Kulturen, Griechenland, Türkei, Süditalien
◆ Augenbrauen hochziehen: Griechenland
◆ Mit der Hand abwinken: weit verbreitet
◆ Mit der Hand fächeln: Japan
◆ Hand am Kinn hochschnippen: Süditalien, Sardinien
◆ Mit dem Zeigefinger abwinken: weit verbreitet

Lächeln: nicht immer gut

»Das Lächeln, das du aussendest, kehrt zu dir zurück«, sagt ein indisches Sprichwort. Das trifft zwar auf viele Kulturen zu, jedoch bei Weitem nicht auf alle. Lächeln ist alles andere als ein selbstverständliches mimisches Signal. Es kann bei Geschäftskontakten viele unterschiedliche Bedeutungen haben, die von Zuneigung über Entschuldigung bis hin zu Ablehnung oder Verweigerung reichen.

In den Vereinigten Staaten beispielsweise wird sehr viel gelächelt und gelacht, und jeder lacht jeden an. In manchen Unternehmen wird das sogar bewusst trainiert. McDonald's hat ein eigenes Trainingscenter für seine Verkäufer. Als in Moskau die ersten McDonald's-Filialen eröffnet wurden, haben Amerikaner versucht, den Einwohnern das Lächeln beizubringen – mit mäßigem Erfolg. Die Gäste fühlten sich ausgelacht, da es in ihrem Land unüblich ist, eine fremde Person direkt anzulachen.

Auch Japan hat keine »Lächelkultur« wie Amerika. Männer lachen gar nicht in der Öffentlichkeit, und Frauen zeigen ihre Zähne nicht, wenn sie lachen. Um ein strahlendes Lächeln zu vermeiden, haben sich japanische Frauen früher die Zähne sogar schwarz angemalt.

Was also in westlichen Kulturen zum selbstverständlichsten mimischen Repertoire zählt, setzt sich im Fernen Osten nur langsam durch, wird aber mittlerweile toleriert. Auch dort werden die Vorzüge des Lächelns – die Bildung von Glückshormonen, die sich positiv auf den Körper auswirken – inzwischen erkannt. In Japan ist man sogar bestrebt, das Lächeln in der Öffentlichkeit zu trainieren.

Nicht ohne Grund wird Thailand als Land des Lächelns bezeichnet. Das Lächeln ist dort obligatorischer und stereotyper Ausdruck des sozialen Lebens, ein wichtiger Teil der Etikette. Hat ein Thai-Manager seinen Job verloren, dann wird er es mit einem Lächeln im Gesicht erzählen. Thailänder, Indonesier und Philippiner, die Wut, Trauer oder Schmerz empfinden, lachen in der Öffentlichkeit. Sie drücken damit aus, dass sie ihren Schmerz für sich behalten und niemanden dazu verpflichten möchten, an ihren Problemen teilzuhaben. Mit der Äußerung negativer Emotionen droht schließlich die Gefahr, das Gesicht zu verlieren, denn das Umfeld könnte mit so einem Ausbruch nicht umgehen. Daher ziehen sich Betroffene in emotional schwierigen Situationen häufig in die eigenen vier Wände zurück.

Lachvarianten

Ein Lachen kann Ausdruck von Unwohlsein, Nervosität oder Verlegenheit, aber auch von Freude sein. Jede Kultur lacht anders und misst dem Lachen andere Bedeutungen bei. Zwischen dem amerikanischen und dem asiatischen Extrem gibt es unzählige weitere – wenn auch weniger extreme – Lachkulturen. Während in Deutschland beispielsweise eher sparsam und zurückhaltend gelacht und ständiges Lächeln als unecht und gekünstelt empfunden wird, ist das Lachen in arabischen und südamerikanischen Ländern ungeniert laut und häufig mit sehr expressiven Gesten verbunden. In Subsahara-Afrika ist Lachen entweder ein Ausdruck der Überraschung oder der Unsicherheit oder aber des größten Unbehagens.

Der Augenblick

Das Blickverhalten in unterschiedlichen Kulturen zu interpretieren, ist beileibe nicht einfach. Wenn jemand den Blick abwendet, kann das aus den unterschiedlichsten Gründen geschehen: weil man einer Person zu nahe kommt, einen höheren Status hat, jemand unsicher oder introvertiert ist oder sich in der Kultur des Gesprächspartners direkter Blickkontakt einfach nicht schickt. »Er konnte mir nicht in die Augen sehen« oder »Sieh mich an, wenn du mit mir sprichst« sind Sätze, die uns in unserem Kulturkreis häufig begegnen. Ein aktiver Blickkontakt hat hierzulande große Bedeutung bei der Kommunikation.

Abhängig von der Dauer, der Häufigkeit und der Blickrichtung werden dem Augenkontakt unterschiedliche Bedeutungen zugeschrieben. Ein Blick entscheidet, ob wir einen Gesprächspartner als interessiert, ehrlich, aggressiv, unaufrichtig oder gelangweilt und unaufmerksam empfinden.

Diese Deutungen können in anderen Ländern und Kulturen völlig anders ausfallen. Eine deutsche Geschäftsführerin, die erst seit Kurzem in Indien lebt, deutet den gesenkten Blick ihrer indischen Angestellten vielleicht als Unehrlichkeit oder Schuldbewusstsein. Sie ist sich nicht bewusst, dass dieses Verhalten aus indischer Sicht als äußerst respektvoll gegenüber einer höher gestellten Person gilt.

Dieses Beispiel zeigt, dass die Interpretation von Blicken ein enormes Konfliktpotenzial bergen kann, zumal der Blick häufig ein Zeichen von Macht ist. In vielen Kulturen, zum Beispiel in Lateinamerika und in den südlichen Regionen von Nordamerika, gilt Augenkontakt als Zeichen von mangelndem Respekt. Auch Japaner sind zurückhaltend und schauen ihrem Gegenüber eher auf den Hals als in die Augen. Direkter Blickkontakt im Gespräch gilt schnell als Verletzung der Intimsphäre und wird in jedem Fall als unhöflich empfunden. Selbst zwischen japanischen Kollegen, die im Büro eng nebeneinandersitzen, gilt die unausgesprochene Regel, sich nicht in die Augen zu sehen und so die Privatsphäre des anderen zu tolerieren.

Im Business mit russischen Partnern signalisiert deutlicher Augenkontakt großes Interesse am Gespräch. In Brasilien gehören zum guten Ton eines Geschäftsmeetings neben intensivem Blickkontakt auch freundschaftliche Berührungen. In China hält zwar der Redner Blickkontakt mit dem Zuhörer, der Zuhörer jedoch vermeidet nicht nur den Blick in die Augen, sondern überhaupt den Blick ins Gesicht des Redners.

Wer sein Gegenüber regelrecht anstarrt, wirkt leicht bedrohlich oder aggressiv. So ist Europäern der Blickkontakt, den arabische Kulturen pflegen, oft viel zu intensiv und führt dazu, dass sie sich bei einem Gespräch regelrecht durchschaut fühlen. Araber signalisieren damit nicht unbedingt den Wunsch, den Kontakt zu ihrem Gegenüber zu intensivieren. Vielmehr wollen sie – aufgrund der Überzeugung, dass »Augen nicht lügen können« – mit ihrem Blick die wahren Gedanken und Absichten des anderen erforschen.

Das ist eine mimische Eigenheit, die allerdings noch in anderer Hinsicht missverstanden werden kann. Wer in der arabischen Kultur seine innersten Gefühle nicht preisgeben möchte, behält aus diesem Grund sozusagen auch seinen Blick für sich und schaut in einer solchen Situation häufig auf andere Menschen, aber nicht auf seinen Gesprächspartner. Vielleicht behalten manche Menschen deshalb bei Gesprächen eine dunkle Brille auf …

Special: Die wichtigsten Businessregeln für alle Kontinente

Das stilsichere Agieren auf internationalem Parkett wird immer wichtiger. Die Vorbereitung auf das Miteinander von verschiedenen Kulturen sollte einen hohen Stellenwert haben, denn es ist ein Zeichen von Wertschätzung, Höflichkeit und Respekt. Neben der sorgfältigen Vorbereitung sind Beobachtungsgabe, Feingefühl und Neugierde wesentliche Voraussetzungen, um Verhandlungen mit ausländischen Geschäftspartnern erfolgreich zu führen oder innerhalb eines internationalen Teams effektiv zu agieren.

So bereiten Sie sich vor

◆ Machen Sie sich schlau: Es gibt genügend Portale mit hilfreichen Informationen über alle Länder dieser Welt und deren Sitten, Rituale und Verhaltensweisen. Oder besuchen Sie eine Fortbildung, fragen Kollegen, Bekannte, die mit diesem Land vertraut sind.

- Bleiben Sie offen: Machen Sie sich bewusst, dass Sie aus einer anderen Kultur kommen und Ihre Verhaltensmuster nicht universell gültig sind. Freuen Sie sich, in eine andere Welt einzutauchen, beobachten Sie und bleiben Sie gelassen.
- Die Perspektive wechseln: Überlegen Sie sich, wie Ihr Verhalten auf Ihr Gegenüber wirkt und was es bewirken könnte. Sollte Sie etwas irritieren, dann bleiben Sie ruhig und fragen bei Gelegenheit nach.
- Sich anpassen: Wenn Sie nicht für längere Zeit in einem bestimmten Land gelebt haben, ist es schwierig, die Gewohnheiten, nonverbalen Signale und Einstellungen zu leben. Aber umgekehrt ist es genauso. Versuchen Sie es zunächst mit kleinen Gesten und Ritualen. Das ist schon ein großes Zeichen von Wertschätzung und Respekt.

Überblick über die wichtigsten Dos and Don'ts rund um den Globus:

Russland
- Lernen Sie die Namen Ihrer Geschäftspartner.
- Hände in den Taschen gelten als unhöflich.
- Russen kommen oft unpünktlich, um die Geduld (wichtig!) von Geschäftspartnern zu überprüfen, und entschuldigen sich auch nicht dafür.
- Das »letzte Angebot« muss nicht immer das Ende der Verhandlung sein; je länger sie dauert, desto besser stehen die Chancen.
- Die Konversation ist direkt: nur kein Geschwafel.
- Berührungen sind üblich.
- Prestige- und Statussymbole sind wichtig.
- Betonen Sie immer Ihre gute Position.

Arabische Emirate
- Möglichst wenig Haut zeigen, das gilt besonders für Frauen!
- Es ist üblich, Meetings abrupt für 15 bis 20 Minuten für das tägliche Gebet zu unterbrechen.
- Bei einem Meeting ist die Person, die die meisten Fragen stellt, die unwichtigste; der Entscheider verhält sich meistens ruhig.

- Es gibt viele Arten der Begrüßung. Warten Sie. Der Gastgeber soll die Begrüßung initiieren.
- Zeigen Sie nicht die Schuhsohlen und verschränken Sie nicht die Beine.
- Vermeiden Sie alkoholische Geschenke; auch alkoholische Pralinen sind tabu.
- »Ja« bedeutet häufig »möglich«.

Großbritannien

- Dresscode beachten!
- Pünktlichkeit ist Pflicht, lieber etwas zu früh kommen.
- Händeschütteln ist nur beim ersten Treffen üblich, danach reicht ein »Hello, good to see you« etc.
- Die Ansprache mit Vornamen ist üblich.
- Entscheidungen brauchen länger, Gesprächspartner besser nicht unter Druck setzen.
- Wenn man noch keine enge Bindung hat, persönliche Fragen vermeiden.
- Die Distanzzone ist größer; Berührungen sind unüblich.
- Briten sind immer freundlich und höflich und umschreiben negative Angelegenheiten charmant.
- Sympathie und Sinn für Fairplay sind wichtig.

USA

- Meetings finden oft beim Essen statt.
- Stets Augenkontakt halten (beim Händeschütteln, im Meeting usw.).
- Vorstellung immer mit »Mr.«, »Ms.«, »Mrs.«.
- Expressives Verhalten und überschwängliche Rhetorik sind normal.
- Eine geschriebene Dankeskarte ist oft besser als ein Geschenk.
- Es wird viel gelacht.

China

- Breite Handbewegungen vermeiden beziehungsweise Handshake des Gegenübers abwarten.
- Körperberührung dringend vermeiden.
- Geschenke sind sehr gerne gesehen.

- Beim Essen:
  - Nicht übers Business sprechen
  - Nicht vor dem Gastgeber anfangen zu essen
  - Alles probieren
- Visitenkarten mit beiden Händen anbieten.
- Verwenden Sie Wörter in Chinesisch, dann achten Sie unbedingt auf die richtige Aussprache.

Lateinamerika

- Geringere Distanzzone, man kommt sich sehr nahe.
- Berührungen sind üblich.
- Umarmungen können bei mehrmaligen Treffen erfolgen.
- Man ist nicht immer pünktlich.
- Gastfreundschaft ist wichtig.
- Vor dem Businessgespräch gibt es eine lockere Konversation.
- Nehmen Sie Einladungen an.

Auf den Punkt: Die 10 wichtigsten Tipps für grenzenlose Verständigung

1. Weniger ist mehr! Bevor Sie in ein nonverbales Fettnäpfchen treten, seien Sie in puncto Körpersprache lieber zurückhaltend.

2. Bitte recht freundlich! Ein freundlicher Gesichtsausdruck ist nie verkehrt.

3. Gut informiert! Je mehr Sie sich vorab mit Land und Gepflogenheiten beschäftigen, umso sicherer fühlen Sie sich bei internationalen Treffen.

4. Respekt kennt keine Grenzen! Geschäftspartnern mit Respekt zu begegnen ist in jeder Kultur empfehlenswert.

5. Vorsicht mit Machtgesten! Je schwerer ein Geschäftspartner einzuschätzen ist, umso vorsichtiger sollte man sein, was Machtgesten betrifft.

6. Beobachten und nachmachen! Spiegeln Sie unauffällig die Körpersprache der Bewohner, so bekommen Sie einen guten Zugang zu den landesüblichen Signalen.

7. Abstand wahren! Distanzzonen sind von Land zu Land unterschiedlich. Lieber langsam herantasten, um niemandem zu nahe zu treten.

8. Wertschätzung zeigen! Wer zu Gast ist, sollte sich auch so verhalten. Signale der Wertschätzung und Dankbarkeit sowie unverfängliche Gastgeschenke sind ein guter Start für internationale Beziehungen.

9. Zurückhaltender Blickkontakt! In vielen Kulturen ist ein zu intensiver Blickkontakt tabu. Sondieren Sie diesbezüglich erst einmal besser das übliche Maß.

10. Richtig begrüßen! Um das Eis zu brechen, kann eine landesübliche Begrüßung, die man vorher übt, Wunder wirken.

Zum Nachschlagen

Amon, Ingrid: Die Macht der Stimme. Persönlichkeit durch Klang,
  Volumen und Dynamik. Redline, München
Axtell, Roger E.: Gestures. The Do's and Taboos of Body Language
  around the World. Revised and expanded edition. Wiley,
  New York
Berndt, Jon Christoph: Die stärkste Marke sind Sie selbst! Schärfen
  Sie Ihr Profil mit Human Branding. Kösel, München
Berndt, Jon Christoph: Die stärkste Marke sind Sie selbst! Das Human
  Branding Praxisbuch. Kösel, München
Bonneau, Elisabeth: 300 Fragen zum guten Benehmen. Gräfe und
  Unzer, München
Bonneau, Elisabeth: Knigge für Individualisten. Für alle, die sich nicht
  verbiegen wollen. Gräfe und Unzer, München
Givens, David: Die Macht der Körpersprache. Menschen lesen im
  Beruf. Redline, München
Gschaider, Reingard; Shirley Seul: Charisma. Wie Sie mit mehr Aus-
  druck Eindruck machen. Gräfe und Unzer, München
Hofstede, Geert; Gerd Jan Hofstede: Lokales Denken, globales Handeln.
  Interkulturelle Zusammenarbeit und globales Management. dtv,
  München
Kinsey Goman, Carol: The Silent Language of Leaders. How Body
  Language Can Help – or Hurt – How You Lead. Jossey-Bass, India-
  napolis
Kumbier, Dagmar; Friedemann Schulz von Thun: Interkulturelle
  Kommunikation. Methoden, Modelle, Beispiele. rororo, Reinbek
Lutterjohann, Martin: KulturSchock Japan. Rump, Bielefeld
Matschnig, Monika: Körpersprache. Verräterische Gesten und wir-
  kungsvolle Signale. Gräfe und Unzer, München
Matschnig, Monika: Körpersprache der Liebe. Gräfe und Unzer,
  München

Molcho, Samy: Alles über Körpersprache. Sich selbst und andere besser verstehen. Mosaik, München

Navarro, Joe, Marvin Karlins: Menschen lesen. Ein FBI-Agent erklärt, wie man Körpersprache entschlüsselt. mvg, München

Ning, Yu: The Chinese HEART in a Cognitive Perspective. Culture, Body and Language. De Gruyter, Berlin

Reiman, Tonya: The Power of Body Language. How to Succeed in Every Business and Social Encounter. Gallery Books, Mendocino

Rückle, Horst: Körpersprache im Verkauf. Redline, München

Seul, Shirley: Zeitmanagement für Faule. Gräfe und Unzer, München

Spies, Stefan: Der Gedanke lenkt den Körper. Körpersprache – Erfolgsstrategien eines Regisseurs. Hoffmann und Campe, Hamburg

Strittmatter, Kai: Gebrauchsanweisung für China. Piper, München

Topf, Cornelia: Körpersprache für Frauen. Sicher und selbstbewusst auftreten. Redline, München

Register

Die Autorin

Monika Matschnig lebt, was sie lehrt. Die ehemalige Leistungssportlerin und diplomierte Psychologin ist seit über fünfzehn Jahren mit ihrem Unternehmen *Wirkung. Immer. Überall.* als führende Expertin für Körpersprache und Wirkungskompetenz international erfolgreich und wurde bereits vielfach ausgezeichnet. Sie hält mehr als 100 Vorträge pro Jahr und veranstaltet Seminare für mehr Wirkung. In ihren Seminaren sorgt sie dafür, dass jeder mit seinem Auftritt brilliert. Sie überzeugt durch ihre Eloquenz, durch innovative Didaktik und nicht zuletzt durch fundiertes Fachwissen. Sie doziert an mehreren Universitäten und ist gern gesehener Gast in TV-Talkrunden: Ihre pointierten Analysen von Prominenten, Politikern und Entscheidungsträgern werden geschätzt und zugleich gefürchtet. Zu ihren Kunden zählen Unternehmen, Manager, Führungskräfte und alle, die ihre Wirkung verbessern möchten.

www.matschnig.com

MONIKA MATSCHNIG
KÖRPERSPRACHE ONLINE-SEMINARE

Für jede Zielgruppe die passende Staffel. Gabal-Leser erhalten einen Spezialrabatt! Gutscheincode: OSGabal_30

matschnig.com/onlineseminare